NOTICE

SUR

QUELQUES ESPÈCES D'OISEAUX

ACTUELLEMENT ÉTEINTES

QUI SE TROUVENT REPRÉSENTÉES DANS LES COLLECTIONS

DU MUSÉUM D'HISTOIRE NATURELLE

NOTICE

SUR

QUELQUES ESPÈCES D'OISEAUX

ACTUELLEMENT ÉTEINTES

QUI SE TROUVENT REPRÉSENTÉES DANS LES COLLECTIONS

DU MUSÉUM D'HISTOIRE NATURELLE

PAR

M. A. MILNE-EDWARDS

PROFESSEUR DE ZOOLOGIE (MAMMIFÈRES ET OISEAUX)

ET

M. E. OUSTALET

ASSISTANT DE ZOOLOGIE (MAMMIFÈRES ET OISEAUX)

PARIS

IMPRIMERIE NATIONALE

M DCCC XCIII

NOTICE

SUR

QUELQUES ESPÈCES D'OISEAUX

ACTUELLEMENT ÉTEINTES

QUI SE TROUVENT REPRÉSENTÉES DANS LES COLLECTIONS

DU MUSÉUM D'HISTOIRE NATURELLE.

Les collections si riches du Muséum d'histoire naturelle renferment quelques spécimens d'oiseaux d'une grande valeur et sur lesquels il nous a paru bon d'attirer l'attention. Ces spécimens, en effet, appartiennent à des espèces qui ont disparu depuis les temps historiques (quelques-unes même à une date récente) et dont plusieurs grands musées ne possèdent pas même de représentants. Les établissements scientifiques qui ont le bonheur d'avoir dans leurs collections des objets d'une telle rareté ont le devoir non seulement de chercher à les garantir contre toute cause de destruction, mais encore de les faire connaître, aussi complètement que possible, par des descriptions et des figures, afin que si, par suite de quelque accident, ces exemplaires venaient à être anéantis, leurs caractères et leurs affinités zoologiques puissent être encore appréciés par les naturalistes de l'avenir. C'est ce qui nous a engagés à publier ce travail, dans lequel on trouvera des descriptions plus détaillées, des figures plus exactes que celles qui ont été publiées jusqu'à ce jour, et, en outre, un certain nombre de renseignements inédits que nous avons pu réunir et qui permettent de préciser le lieu d'origine ou d'éclaircir quelques points obscurs de l'histoire de cinq espèces éteintes, savoir : le Perroquet mascarin (*Mascarinus Duboisi*), la Huppe du Cap (*Fregilupus varius*), la Colombe hérissée (*Alectrœnas nitidissima*), le Canard de Labrador (*Camptolœmus labradorius*) et l'Émeu noir (*Dromaius ater*). Nous donnons aussi quelques détails sur le Grand Pingouin du Nord (*Alca impennis*), dont le Muséum possède un exemplaire empaillé, un squelette complet et des œufs.

Après avoir discuté assez longuement la place qu'il convient d'assigner à ces différentes espèces dans les classifications, après avoir donné une idée de leurs mœurs et de leur régime, nous cherchons à indiquer les principales causes de leur extinction. Au premier abord, en effet, il peut sembler extraordinaire que ces formes aient disparu de la surface du globe, alors que sur des terres, parfois très voisines de celles qu'elles occupaient, subsistent des formes plus ou moins voisines et appartenant comme elles à des groupes ornithologiques largement distribués dans la nature actuelle.

LE PERROQUET MASCARIN.

(Mascarinus Duboisi.)

Planche I.

La première mention qui ait été faite du Perroquet mascarin dans un ouvrage scientifique se trouve dans l'*Ornithologie* de Brisson [1]. Ce naturaliste a donné une description très complète et très exacte de l'espèce d'après un individu vivant qu'il avait eu l'occasion de voir à Paris, mais dont il ignorait la provenance, et il l'a désigné sous le nom de *Psittacus mascarinus* qui fut adopté par Gmelin [2], par Latham [3], par Shaw [4], par Vieillot [5], par Kuhl [6], par Hahn [7], par Brehm [8], par Schlegel et Pollen [9] et par une foule d'auteurs modernes. Linné cependant, dans l'*Appendice* de sa *Mantissa Plantarum* [10], considéra ce nom de *Psittacus mascarinus* comme équivalent à celui de *Psittacus obscurus* qu'il avait employé antérieurement, dans l'édition suédoise du *Voyage d'Hasselquist* [11], pour désigner un oiseau obtenu *peut-être* par ce naturaliste dans une des localités du Levant qu'il avait visitées. C'est à dessein que nous employons des expressions aussi vagues; car, comme nous allons essayer de le démontrer, rien ne prouve que l'oiseau en question ait été réellement un Perroquet ou que, du moins, ce soit exclusivement d'après un Perroquet d'Égypte ou de Palestine que Linné ait rédigé sa description.

Contrairement à une double assertion de M. Forbes, qui, dans son *Mé-*

[1] *Ornithologie*, 1760, t. IV, p. 315, n° 52.

[2] *Systema Naturæ*, 1788, t. I, p. 333, n° 49.

[3] *Index ornithologicus*, 1790, t. I, p. 111, n° 87.

[4] *Gener. Zool.*, 1811, t. VIII, 2, p. 528.

[5] *Nouveau Dictionnaire d'histoire naturelle*, 1817, t. XXV, p. 313, et *Encyclopédie méthodique*, 1823, *Ornithologie*, t. III, p. 1367.

[6] *Conspectus Psittacorum*, 1820, p. 29.

[7] *Ornith. Atlas, Papageien*, 1835, p. 54 et pl. 39.

[8] *Monogr. der Papageien*, 1854, pl. 60.

[9] *Recherches sur la Faune de Madagascar*, 1868, p. 157.

[10] *Mantissa*, 1771, p. 524.

[11] *Iter Palæstinum, eller resa til heliga landet*, etc. . . . . *utgifsen of* C. Linnaeus, Holmiæ, 1757, p. 236, n° 18, et édit. franç., 1768, p. 20, n° 18.

moire sur le Perroquet mascarin [1], a prétendu d'abord que le type du *Psittacus obscurus* était un Perroquet vivant en captivité, qui avait été observé dans le Levant par Hasselquist, et ensuite que la description détaillée de l'oiseau avait été rédigée par Hasselquist lui-même, nous ferons remarquer que nous n'avons pu trouver dans la Relation du voyage aucune mention de cette prétendue observation faite, sur le vivant, en Égypte ou en Palestine, et que, d'autre part, la description du *Psittacus obscurus* doit certainement être attribuée non pas à Hasselquist, mais à Linné, puisqu'elle se trouve dans la seconde partie de l'ouvrage, contenant les annotations du grand naturaliste suédois et des renvois au *Systema Naturæ*. Cette description, faite en Suède, par Linné, d'après une dépouille envoyée par Hasselquist, ou peut-être seulement d'après des notes du voyageur, n'est accompagnée, on ne saurait trop le répéter, d'aucune indication de provenance [2], tandis que l'origine des autres espèces citées immédiatement avant ou après, telles que la Perruche d'Alexandre (*Psittacus Alexandri*) et la Huppe noire (*Upupa pyrrhocorax*) [3], est soigneusement mentionnée. Ces deux espèces étant indiquées comme se trouvant en Égypte, on pourrait tout au plus supposer que le *Psittacus obscurus* est originaire du nord-est de l'Afrique. Mais il suffit de lire la description, d'ailleurs assez longue, donnée par Linné de son *Ps. obscurus* pour voir qu'elle ne convient à aucun Perroquet de cette région, ni même à aucun Perroquet de la faune actuelle. C'est ce que M. Forbes et M. Salvadori [4] ont parfaitement reconnu. En effet, si ce que Linné dit de la forme du bec, épais et recourbé, avec la mandibule supérieure fortement convexe, la mandibule inférieure élargie et mobile [5], et de la disposition des doigts, qui sont

---

[1] *Ibis*, 1879, p. 306.

[2] C'est seulement dans les éditions plus récentes du *Voyage d'Hasselquist* que le *Psittacus obscurus* est qualifié *Perroquet d'Afrique*. Dans la deuxième édition du *Systema Naturæ*, après la diagnose de l'oiseau, les mots *Hab. in Africa* sont suivis d'un point de doute.

[3] Cette Huppe noire, de Linné, que G. R. Gray a assimilée (*Handlist*, 1870, t. II, p. 15, n° 6243) au *Pyrrhocorax alpinus*, nous paraît être plutôt un *Irrisor*.

[4] *Catalogue of the Birds in the collection of the British Museum*, t. XX, 1891, p. 421.

[5] « *Rostrum totum latum crassum obtusissimum, aduncum..... Maxilla superior subconvexa, inferius latiuscula, dorsum versus magis contracta, mobilis..... Apex maxillæ superioris aduncus extra maxillam inferiorem..... extremitate obtususculus. Lobulus*

groupés deux [1] par deux, peut s'appliquer à un Perroquet; s'il en est de même de la forme des narines [2], de l'aspect dénudé de la région périophtalmique [3] que l'on observe plutôt cependant chez des Perroquets américains que chez des Perroquets africains, il n'en est plus ainsi pour le mode de coloration de l'oiseau, qui est dépeint comme étant noir, avec le sommet de la tête varié de gris noirâtre, la queue d'un gris cendré, l'abdomen et les plumes des jambes marquées de raies transversales blanches, le bec noir, le tour des yeux blanc, la plante des pieds et les ongles noirs [4]. Nous n'avons en effet jamais rencontré une livrée semblable chez les Perroquets, pas même chez les *Platycercus* océaniens et chez les *Conurus* américains, qui ont souvent les parties inférieures du corps rayées transversalement. Ce costume gris, noir et blanc serait plutôt celui d'un *Graucalus*.

D'autre part, Linné parle d'un sillon longitudinal qui existerait à la base de la mandibule supérieure au-dessous des narines et qui se continuerait jusqu'à la pointe par un sillon longitudinal [5]. Or nous ne connaissons aucune espèce de Perroquet qui présente cette disposition que l'on rencontrerait plutôt chez des Barbus et chez des Calaos.

Enfin Linné dit expressément que le *Psittacus obscurus* est de la taille d'un Geai [6], qu'il a la tête forte, le bec d'un tiers plus petit que la tête et qu'il a la queue étagée, cunéiforme [7].

utrinque ad basin apicis maxillæ inferiori, dum clauditur os, impositurus. Maxilla inferior superiore crassior, magis convexa, brevior, quantitate apicis superioris, basi subtus gula distans, posterius æqualis; apice obtusa et fere emarginata. »

[1] « Digiti 4 : antici 2 et postici 2. »

[2] « Nares proxime supra rostrum, perfecte circulares, magnitudine pennæ gallinaceæ. »

[3] « Area oculorum usque a fine maxillæ superioris ad initium verticis latitudine, et a naribus fere usque ad basin verticis longitudine nuda, rugosa, pilis vix conspicuis obsita. »

[4] « Psittacus (obscurus) niger, vertice cinereo-nigrescente vario, cauda cinerea. . . . . Rostrum nigrum, area oculorum alba, vertex ex cinereo et nigrescente variegatus; collum et alæ supra nigra. Abdomen et crura cinerea, cum lineis transversalibus canis. Tubercula pedum nigra. Ungues nigri. Cauda tota cinerea. »

[5] « Ad basin maxillæ superioris infra nares sulcus conspicitur, quasi imbricata esset maxilla, ex quo sulcus longitudinalis ad apicem pergit. »

[6] « Magnitudine Graculi ». Dans l'édition française (2ᵉ partie, p. 19), il est dit « de la grosseur d'un Coucou ».

[7] « Caput oblongum, lateribus compressum, respectu corporis satis magnum. . . . . Rostrum capite triplo brevius. . . . . Cauda cuneiformis. Rectrices circiter 10, laterales breviores, intermediis longioribus. »

IMPRIMERIE NATIONALE.

Aussi Gmelin place-t-il cette prétendue espèce parmi les Perroquets à longue queue, parmi les Perruches, à côté de l'*Ara nobilis* et à une assez grande distance du *Psittacus mascarinus* qu'il rétablit comme espèce distincte [1]. Or les seuls Perroquets que Hasselquist ait pu rencontrer dans ses pérégrinations en Égypte et en Palestine sont des *Pœocephales* à queue courte, ou des Perruches à plumage vert (*Palæornis docilis* V., *Psittacus Alexandri* L. part. [2]).

En résumé, le *Psittacus obscurus* de Linné, de Gmelin, de Latham, de Shaw [3], de Vieillot [4], ne saurait être considéré comme identique au *Psittacus mascarinus*, et, par conséquent, le nom de cette prétendue espèce ne peut être appliqué, en vertu des lois de priorité, au Perroquet mascarin, comme l'ont fait, d'après Linné, Ch. L. Bonaparte [5] et G. R. Gray [6].

Le Perroquet mascarin fut décrit ou figuré sous son vrai nom par Buffon [7], par Daubenton [8], par Latham [9] et, d'une manière particulièrement exacte, par Levaillant [10], qui eut le tort cependant d'indiquer Madagascar, plutôt encore que l'île Bourbon, comme étant la patrie de cette espèce. Trompé par cette indication, Lesson, dans son *Traité d'Ornithologie* [11], imposa le nom de *madagascariensis* au Perroquet mascarin qu'il

[1] *Psittacus obscurus*, Gmelin, *Syst. Nat.*, éd. 13, t. I, p. 314, n° 4, et *Psittacus mascarinus*, *ibid.*, p. 333, n° 49. Latham (*Index ornithologicus*, 1790, t. I, p. 84 et 111) range également le *Psittacus obscurus* (*Obscure Parrot*) parmi les *macrouri* et le *Ps. mascarinus* parmi les *brachyuri*.

[2] Le *Psittacus Alexandri* de Linné correspond certainement en partie, non seulement à *Palæornis torquata* Briss., mais à *P. docilis* V. (*Psittacus cubicularis*, Hasselq., *Reise nach Palästina*, 1762, p. 292).

[3] *Gener. Zoology*, 1811, t. VIII, part. 2, p. 400.

[4] *Nouveau Dictionnaire d'histoire naturelle*, 1817, t. XXV, p. 342, et *Encyclopédie méthodique, Ornithologie*, 1823, t. III, p. 1384.

[5] *Mascarinus obscurus* L. (*madagascariensis* Br.), *Conspectus Psittacorum, Revue et Magasin de zoologie*, 1854, p. 154, n° 207, et *Naumannia*, 1856, *Consp. Psitt.*, n° 210. Cette erreur de synonymie a été déjà corrigée dans l'*Histoire physique, naturelle et politique de Madagascar, Oiseaux*, t. I, p. 2 (note) et p. 7, où le *Psittacus madagascariensis niger* de Brisson est assimilé avec raison au *Coracopsis nigra*.

[6] *Handlist of the Genera and Species of Birds*, 1870, t. II, p. 159, n° 8262.

[7] *Histoire naturelle des Oiseaux*, 1779, t. VI, p. 120.

[8] *Planches enluminées de Buffon*, n° 35.

[9] *Synopsis*, 1781, t. I, p. 265, n° 72, et *Gener. History*, 1882, t. II, p. 113 (avec var. A.).

[10] *Histoire naturelle des Perroquets*, 1805, t. II, p. 171 et pl. 139.

[11] P. 189, n° 24 (1831).

prit pour type d'un genre particulier, le genre *Mascarinus*, qui fut adopté par Ch. L. Bonaparte dans son *Conspectus Avium*[1], par G. Hartlaub dans ses Études sur la faune ornithologique de Madagascar[2], et, plus récemment, par W. A. Forbes[3] et par T. Salvadori[4]. Ce dernier toutefois, suivant une habitude prise par plusieurs naturalistes modernes, mais réprouvée par le Congrès international de Zoologie de 1889, a désigné l'espèce sous le nom de *Mascarinus mascarinus*, tandis que Forbes a substitué à la dénomination *madagascariensis*, qui consacrait une erreur d'habitat, le nom spécifique de *Duboisi*, tiré de celui d'un voyageur français dont nous parlerons plus loin. Au contraire, Finsch[5], Pelzeln[6] et Giebel[7], qui laissaient le Mascarin dans l'ancien genre *Psittacus*, lui conservèrent le nom défectueux de *madagascariensis*[8].

Alfred et Édouard Newton[9] rapprochèrent le Mascarin des Vazas de Madagascar, et en firent une simple espèce du genre *Coracopsis* comme l'avaient fait auparavant Wagler[10], Pelzeln[11], Hartlaub[12] et G. R. Gray[13], et comme le fit plus tard encore l'un de nous[14], quoique avec certaines réserves.

Avant de discuter la place qu'il convient d'assigner au Perroquet mascarin dans la classification, il est nécessaire de donner une description de cette espèce, rédigée principalement d'après l'exemplaire célèbre du

[1] T. I, n° 7 (1850).

[2] *Syst. Uebersicht der Vögel Madagascars*, Journ. f. Ornithologie, 1860, p. 107, et Ornith. Beiträge zur Fauna Madagascars, 1861, p. 59.

[3] *On the systematic position and scientific name of « Le Perroquet mascarin », of Brisson* (Ibis, 1879, p. 306).

[4] *Catalogue of the Birds in the collection of the British Museum*, t. XX, Psittaci, 1891, p. 421.

[5] *Papageien*, 1868, t. II, p. 306 et 955.

[6] *Ibis*, 1873, p. 32.

[7] *Thesaurus ornithologicus*, 1877, t. III, p. 340.

[8] Dans une note de son *Conspectus* des Perroquets (*Papageien*, t. II, p. 955, note), M. Finsch emploie le nom plus correct de *mascarinus*.

[9] *Ibis*, 1876, p. 289.

[10] *Monogr. Psittacorum*, 1832, p. 679.

[11] *Verhandl. z. b. Gesells. Wien*, 1863, p. 232.

[12] *Die Vögel Madagascars*, 1877, p. 232.

[13] *Genera of Birds*, 1846, t. II, p. 407, n° 1; *List Psitt. Brit. Mus.*, 1859, p. 2; *Handlist of the Genera and Species of Birds*, 1870, t. II, p. 159, n° 8262.

[14] E. Oustalet, *Étude sur la Faune ornithologique des Seychelles*, Bull. Soc. philom., 1878, 7ᵉ série, t. II, p. 165.

Musée de Paris et complétée seulement, pour quelques points de détail, par des renseignements empruntés à la description de Brisson, qui, comme nous l'avons dit, avait pu voir un Mascarin vivant à Paris.

Le Perroquet mascarin n'est pas, comme le dit Levaillant, un oiseau de grande taille, mais plutôt un oiseau de taille moyenne, puisqu'il est un peu moins grand qu'un Perroquet amazone à front jaune et comparable, sous le rapport des dimensions, à un Perroquet gris, et plutôt encore à un Tanygnathe de Luçon. Ces dimensions varient, du reste, très légèrement d'un individu à l'autre : ainsi, dans l'exemplaire du Muséum d'histoire naturelle de Paris, la longueur totale est de o m. 3g5 environ; la longueur de l'aile, de o m. 23o; celle de la queue, de o m. 18o; celle du bec (culmen), de o m. o38; celle du tarse, de o m. o25; celle du doigt médian, de o m. o29 sans l'ongle et o m. o44 avec l'ongle, et celle du doigt externe, de o m. o28 sans l'ongle et o m. o38 avec l'ongle. La hauteur du bec, mesurée du menton au point de contact de la mandibule supérieure avec les plumes frontales, est de o m. o35. Au contraire, d'après Hartlaub [1], dans l'exemplaire du Musée de Vienne, la longueur de la queue serait de o m. 161; celle du bec, de o m. o45, et celle du tarse, de o m. o24. Enfin l'exemplaire observé par Brisson mesurait, d'après ce naturaliste, 13 pouces 6 lignes (o m. 365 environ); son bec avait, de l'extrémité du crochet de la mandibule supérieure jusqu'à la commissure, 15 lignes (o m. o34) de long et 16 lignes (o m. o35 à o m. o36) de hauteur maximum; sa queue, 4 pouces 6 lignes (o m. 127); son doigt médian, 1 pouce 1o lignes (o m. o44) avec l'ongle, et le doigt externe, 1 pouce 7 lignes et demie (o m. o44) avec l'ongle. Ce dernier exemplaire avait donc la queue notablement plus courte que le spécimen du Muséum, ce qui provenait sans doute de ce qu'il avait vécu en captivité, et les doigts un peu plus longs, ce qui tenait sans doute à la même cause, les ongles s'étant développés d'une manière exagérée.

Les ailes ployées atteignent, dans le spécimen du Muséum comme dans le spécimen examiné par Brisson, le premier tiers de la queue.

[1] *Die Vögel Madagascars*, p. 233.

La tête est revêtue d'une sorte de chaperon d'un gris cendré et la face est couverte d'un masque noir, s'étendant sur la partie antérieure du front, depuis les yeux jusqu'au bec, descendant sur les côtés des mandibules et se prolongeant jusque sur le menton. Un peu plus bas, sur les côtés de la gorge, on distingue même quelques plumes noirâtres, mais le masque ne se continue pas, comme chez l'individu représenté par Levaillant, par deux sortes de brides sur les côtés du cou. Le manteau est d'un brun terreux, un peu nuancé et sensiblement plus foncé que la teinte fuligineuse qui règne sur les parties inférieures du corps; la peau, d'un brun foncé, est marquée à sa base, mais seulement sur les pennes latérales, d'une tache blanche occupant seulement le premier tiers des pennes. Le bec conserve une teinte rouge assez accusée et les pattes sont *actuellement* d'un ton jaunâtre assez clair, mais, durant la vie de l'oiseau, elles étaient d'une couleur chair pâle, avec les ongles d'un gris brunâtre [1]. Les yeux, entourés d'un petit cercle dénudé qui, dans l'oiseau vivant, était coloré en rouge vif, avaient l'iris rouge [2]. La bande charnue très étroite qui recouvre la base sur la mandibule supérieure, et dans laquelle les narines s'ouvrent par deux trous arrondis, était pareillement colorée en rouge [3].

Le spécimen qui est conservé précieusement dans les galeries du Muséum a subi aussi, par suite d'un traitement auquel il a été malheureusement soumis, il y a près d'un siècle, certaines détériorations. Les teintes du plumage ont été un peu altérées par des émanations sulfureuses et on voit, en consultant la description de Brisson et la planche de Levaillant, que le capuchon devait être primitivement d'un gris lilas pâle très délicat, d'un gris lavande, que la teinte brune foncée du dos, des ailes et de la queue offrait des reflets gris qui ont disparu, et que les parties inférieures du corps, déjà notablement plus claires que les parties inférieures, étaient, comme celles-ci, un peu nuancées de gris, ou plutôt paraissaient grises quand on les regardait sous un certain jour.

Dans le Mémoire qu'il a publié sur le Mascarin [4], et dans lequel il a reproduit des dessins du bec et des pattes qui lui avaient été envoyés par

---

[1] Brisson, *loco cit.* — [2] Brisson, *ibid.* — [3] Brisson, *ibid.* — [4] *Ibis*, 1879, p. 303.

l'un de nous, M. Forbes a fait ressortir quelques-unes des différences que cette espèce remarquable offre avec les *Coracopsis* auprès desquels on a souvent cru pouvoir le ranger, mais il n'a pas suffisamment insisté sur diverses particularités dignes d'être signalées. Le Mascarin diffère des Vazas : 1° par la forme de son bec supérieur, qui est moins régulièrement bombé que chez les Vazas, et dont les côtés paraissent même un peu comprimés, les bords présentant en outre, de chaque côté, une dent assez marquée[1], au lieu d'un lobe arrondi et peu saillant, et l'arête inférieure ne décrivant pas une courbe régulière, mais tombant brusquement et presque verticalement à partir du front; 2° par la forme de la mandibule inférieure, qui est plutôt taillée à trois pans que régulièrement arrondie et dont les branches latérales sont beaucoup plus élevées en arrière, dans la région massétérienne, qu'en avant, près de la région mentonnière [2]; 3° par la coloration du bec, qui est rouge et non pas noirâtre comme chez les Vazas; 4° par la disposition des plumes frontales, qui recouvrent en grande partie[3] la cire, dont la partie visible n'est jamais tuméfiée comme chez les Vazas et forme un liséré charnu très étroit; 5° par le faible développement du cercle périophtalmique, qui ne se prolonge pas sur les lores en un espace dénudé ou parsemé seulement de petites plumes comme chez le Grand Vaza; 6° par les dimensions et la disposition de la queue, qui paraît avoir été un peu plus longue relativement aux ailes et un peu plus étagée que chez les Vazas, tout en étant, comme chez ceux-ci, formée de douze pennes; 7° par le mode de coloration du plumage, dont les

[1] Cette dent n'a pas été assez nettement indiquée dans une des figures jointes au Mémoire de M. Forbes (*Ibis*, 1879, p. 304).

[2] Dans un *Mémoire sur les caractères ostéologiques des Psittacides* (*Ann. des Sc. nat.*, Zoologie, 5° série, t. VI, 1866, p. 105 et pl. 2, fig. 4, et 3, fig. 8), l'un de nous (A. Milne-Edwards) avait déjà montré que la mandibule inférieure du Mascarin s'écarte beaucoup de celle des Vazas pour se rapprocher de celle des Amazones, tout en différant de cette dernière par la divergence moins prononcée des branches maxillaires et l'absence presque complète de trous ou sillons vasculaires sur la région mentonnière.

[3] Forbes dit (*op. cit.*, p. 304) que les plumes frontales recouvrent la cire et cachent les narines, ce qui n'est pas tout à fait exact, même pour l'exemplaire monté, où cependant les plumes frontales ont été ramenées trop en avant. En tout cas, la cire n'était pas dénudée comme le dit Wagler. (Voir aussi Finsch, *Papageien*, t. II, p. 297.)

teintes sont plus vives, plus claires et plus variées. Quant aux différences dans la longueur et l'épaisseur du tarso-métatarsien, citées par
M. Forbes, elles sont difficiles à apprécier autrement que sur des os. Enfin nous n'attachons pas d'importance au plus ou moins grand développement des ongles, qui dépend des conditions dans lesquelles l'animal
a vécu.

Les dissemblances sont encore plus marquées entre le Mascarin et le
Perroquet Jaco, type du genre *Psittacus*. Chez ce dernier, en effet, la
mandibule supérieure est moins brusquement courbée à partir du front,
de telle sorte que la pointe est projetée plus fortement en avant; elle est
en même temps beaucoup moins haute; la mandibule inférieure est plus
allongée que chez le Mascarin et de couleur noire, comme la mandibule
supérieure; la cire est longue et dénudée, les yeux sont entourés d'un
large espace presque entièrement dépourvu de plumes; les ailes ployées
arrivent jusqu'aux cinq sixièmes de l'extrémité de la queue, relativement
très peu développée, et le plumage offre des teintes grises et rouges qu'on
ne rencontre ni chez le Mascarin, ni chez les Vazas.

Pour toutes ces raisons et pour d'autres encore qu'il serait trop long
d'énumérer, il y a lieu, croyons-nous, d'accepter le genre *Mascarinus* proposé par Lesson et, par suite, de désigner l'espèce, en vertu des lois
adoptées pour la nomenclature, sous le nom de *Mascarinus Duboisi* Forbes.
Maintenant faut-il ranger, comme le faisait Lesson[1], le genre *Mascarinus*
à côté des *Tanygnathus*, faut-il, tout en lui assignant cette place, le rapprocher aussi des *Palæornis*, à l'exemple de Forbes[2], ou bien encore le
mettre, comme le proposait R. Owen[3], à côté du Perroquet éteint de
l'île Maurice (*Lophopsittacus mauritianus*) et non loin des Microglosses ac-
tuels de la Nouvelle-Guinée? Cette dernière opinion nous paraît la plus
vraisemblable, depuis que nous avons pu comparer avec la mandibule
inférieure du Mascarin, d'une part, une mandibule inférieure du *Microglossus aterrimus*, de l'autre, plusieurs pièces similaires provenant du Perroquet de l'île Maurice. Ces pièces sont de dimensions variables, les unes

[1] *Traité d'Ornithologie*, 1831, p. 189. — [2] *Ibis*, 1879, p. 307. — [3] *Ibis*, 1866,
p. 171.

étant de la grosseur d'une mandibule du *Calyptorhynchus Banksii*, les autres de la grosseur d'une mandibule de *Microglossus*, mais elles offrent une forme constante, absolument comparable à celle du *Mascarinus Duboisi* et très voisine de celle du *Microglossus*. On constate la même différence de hauteur entre la portion antérieure et la portion postérieure des branches que chez le Mascarin et le Microglosse, mais la région mentonnière est un peu moins brusquement coudée latéralement que chez le Microglosse et taillée un peu plus nettement que chez le Mascarin où les trois pans ne sont que très légèrement indiqués et où le menton est un peu bombé comme chez les Calyptorhynques. Par son profil brusquement tombant, la mandibule supérieure du Mascarin rappelle beaucoup le bec supérieur du Microglosse; en revanche, nous devons constater que les plis et les sillons que l'on peut distinguer à la loupe sur la face inférieure du crochet terminal ne sont pas disposés comme chez le Microglosse, mais comme chez le Perroquet Jaco. Ces plis, en chevrons emboîtés, tournent, en effet, leur concavité du côté de la pointe du bec chez le Mascarin et du côté du palais chez le Microglosse. Chez les Tanygnathes, ils sont disposés comme chez les Aras, mais presque entièrement effacés, et chez les *Coracopsis*, ils affectent plutôt la forme de rides transversales onduleuses. Il est certain d'ailleurs que, par ses proportions, par l'aspect dénudé des côtés de sa tête dont le sommet est orné d'une huppe, par la forme de son bec et par la coloration uniforme de son plumage, le Microglosse diffère notablement du Mascarin. Il n'en existe pas moins entre les deux types certaines affinités qu'il est impossible de méconnaître et qui tendent à rattacher cette espèce éteinte, et sans doute aussi le Perroquet de Maurice, plutôt à un groupe papouan qu'à un groupe africain.

Il n'existe plus, à notre connaissance, que deux spécimens du *Mascarinus Duboisi*, l'un au Muséum d'histoire naturelle de Paris (c'est celui que nous décrivons et figurons aujourd'hui) et l'autre au Musée impérial de Vienne. Ce dernier n'est, paraît-il [1], que l'ancien exemplaire du *Museum Leverianum* auquel Latham a fait allusion. C'est un individu atteint d'albinisme

[1] G. Hartlaub, *Die Vögel Madagascars*, p. 233.

partiel et offrant quelques plumes blanches isolées sur le dos, la partie supérieure de la poitrine, les couvertures alaires, etc.

C'est par erreur que M. G. Hartlaub avait indiqué [1] un troisième exemplaire de cette espèce comme se trouvant à Londres. Le Mascarin n'est pas représenté dans les collections, d'ailleurs si riches, du *British Museum*.

Du temps de Levaillant, c'est-à-dire au commencement de ce siècle, l'espèce était déjà très rare dans les collections zoologiques; cependant il en existait encore en France trois spécimens, savoir : un au Muséum, celui qui figure encore dans les galeries de cet établissement, un chez Mauduyt et le troisième dans la collection Aubry. Malgré toutes nos recherches, nous n'avons pu découvrir ce que sont devenus ces deux derniers spécimens, dont l'un, celui de la collection Mauduyt, représentait peut-être la dépouille d'un des Mascarins qui vivaient à Paris vers 1784 et dont parle le collaborateur de l'*Encyclopédie* [2]. Un autre Mascarin vivant se trouvait à Paris vers 1760, soit chez un marchand, soit chez un particulier où Brisson avait pu le voir et l'étudier. A une date beaucoup plus récente, en 1834, on en conservait encore un dans la Ménagerie du roi de Bavière, mais cet individu, qui servit de modèle pour la planche publiée par Hahn [3], est très probablement le dernier qui ait vécu en Europe, s'il n'était pas le dernier survivant de son espèce.

Pendant longtemps la grande île de Madagascar fut indiquée comme étant la patrie du Mascarin, mais, comme l'ont fait observer MM. Édouard et Alfred Newton [4], cette assertion repose uniquement sur le témoignage de Levaillant. Or chacun sait que les localités indiquées par ce dernier auteur ne sont pas toujours exactes et qu'il a cité parfois des oiseaux d'Asie ou d'Amérique comme originaires d'Afrique et *vice versa*. Il est probable d'ailleurs qu'en disant [5] : « Le Mascarin se trouve à Madagascar et même, assure-t-on, à l'île Bourbon », Levaillant n'a fait que reproduire, sous une forme altérée, ce renseignement fourni par Buffon [6] : « M. de Querhoënt

[1] *Journ. f. Ornithologie*, 1860, p. 107.
[2] *Encyclopédie méthodique, Ornithologie*, t. II, p. 196.
[3] *Ornith. Atlas, Papageien*, pl. 39.

[4] *Ibis*, 1876, p. 286.
[5] *Histoire naturelle des Perroquets*, p. 172.
[6] *Histoire naturelle des Oiseaux*, 1779, t. VI, p. 121.

nous assure qu'on le trouve à l'île Bourbon, où il a été transporté de Madagascar», car il n'avait pu trouver dans la description de Brisson, qu'il cite en même temps que celle de Buffon, aucune indication de provenance. C'est d'après Buffon également que Linné a cru pouvoir ajouter, dans sa *Mantissa*[1], à la très courte diagnose latine du *Psittacus mascarinus*, les mots «*Habitat in Mascarina*», après avoir dit précédemment dans la douzième édition du *Systema Naturæ*[2], à propos de la même espèce, identifiée au *Psittacus obscurus* : «*Habitat in Africa?*». Par *Mascarina*, il faut évidemment entendre l'île *Mascarègne* ou *Mascarenne* de Leguat, de du Bois et d'autres voyageurs du siècle dernier, c'est-à-dire non pas l'île de Madagascar, mais l'île Bourbon ou de la Réunion.

Tous les auteurs modernes, Bechstein, Kuhn, Vieillot, Lesson, Wagler, Hahn, le docteur Finsch, etc., qui ont attribué Madagascar comme patrie au Mascarin, n'ont apporté aucun document nouveau pour la détermination du lieu d'origine de cette espèce, et n'ont fait que répéter l'assertion de Levaillant contre laquelle on peut invoquer un fait positif, à savoir que ni M. Grandidier, ni les autres voyageurs qui ont exploré Madagascar dans le cours de ces dernières années, n'ont découvert la moindre trace de l'existence du Mascarin. Nous devons dire, toutefois, que dans la Relation du sieur de Flacourt, qui visita Madagascar au milieu du xviie siècle[3], nous avons trouvé, dans le chapitre consacré aux oiseaux terrestres[4], le passage suivant, dont une partie pourrait à la rigueur s'appliquer au *Mascarinus Duboisi* : «*Vaza*, c'est le Perroquet qui est noir dans ce pays[5]. *Il y en a de petits qui sont rouge brun; mais on a de la peine à les avoir.*» On pourrait même inférer de ces derniers mots que le Mascarin, qui a, en effet, le menton d'un brun rougeâtre, était déjà plus rare, ou peut-être était seulement plus farouche et plus cantonné que les Vazas, mais

---

[1] 1771, p. 524.

[2] 1766, t. 1, p. 140, n° 4.

[3] *Relation de la grande isle Madagascar, contenant ce qui s'est passé entre les François et les originaires de cette isle, depuis 1642 jusqu'en l'an 1655, 1656, 1657, composée par le sieur de Flacourt, Directeur de la Compagnie française de l'Orient et commandant pour Sa Majesté dans ladite isle*, etc., 1 vol. in-4°, Paris, 1661.

[4] Ch. XXXX, p. 163.

[5] Il s'agit évidemment ici du Grand Vaza (*Coracopsis obscura*) et du Petit Vaza (*C. nigra*), que Flacourt confond sous le même nom vulgaire.

il resterait à expliquer par suite de quelles circonstances la première espèce aurait disparu, tandis que les Vazas se seraient perpétués jusqu'à nos jours.

En tout cas, il est à peu près certain que le *Mascarinus Duboisi* ne provient pas de l'île Rodrigue, car tous les Perroquets de cette île, cités par F. Leguat, qui y séjourna pendant deux ans à la fin du xviie siècle [1], ont été identifiés par M. A. Newton [2] et par l'un de nous [3], et aucun d'entre eux n'a pu être assimilé au Mascarin [4].

Au contraire, le fait de la présence du Mascarin à l'île Bourbon (île de la Réunion), dans le courant du siècle dernier, est attesté d'abord par M. de Querhoënt, correspondant de Buffon, et ensuite par Mauduyt, qui dit expressément : *« On trouve le Mascarin à l'île Bourbon;* j'en ai vu plusieurs vivants à Paris, c'étaient des oiseaux assez doux; ils n'avaient en leur faveur que leur bec rouge qui tranchait agréablement sur le fond sombre de leur plumage; ils n'avaient point appris à parler. »

On peut même, selon toute vraisemblance, admettre avec MM. Alfred et Édouard Newton [5] que certains Perroquets mentionnés un siècle auparavant par du Bois, qui visita Madagascar et Bourbon de 1669 à 1672, n'étaient autres que des Mascarins. Ce voyageur cite en effet, parmi les animaux de l'île Bourbon, outre des Perroquets gris, *aussi bons que des Pigeons,* d'autres oiseaux du même genre qu'il désigne ainsi [6] : « Perro-

[1] La Relation du voyage de F. Leguat eut plusieurs éditions; la première est intitulée : *Voyages et avantures de François Leguat et de ses compagnons en deux isles désertes des Indes orientales,* 2 volumes en un, in-8°, Londres, 1708; une autre a pour titre : *Le voyage et les avantures de François Leguat et de ses compagnons dans l'Amérique et autres lieux,* 2 volumes en un, in-12, Amsterdam, 1750.

[2] *Ibis,* 1872, p. 31; 1875, p. 342 et pl. VII; 1876, p. 286 et 289; *Proceedings Zool. Soc.,* p. 39 à 42.

[3] A. Milne-Edwards, *Mémoire sur un Psittacien fossile de l'île Rodrigue, Ann. des Sc. nat., Zoologie,* 1867, 5e série, t. VIII, p. 145 et pl. 7 et 8; *Recherches sur la Faune ancienne des îles Mascareignes, Ann. des Sc. nat., Zoologie,* 1874, 5e série, t. XIX, art. n° 3. p. 16 et pl. 13; *Comptes rendus de l'Académie des sciences,* t. LXV et LXXX, p. 1212; *Ann. and Mag. nat. hist.,* 4e série, t. XV, p. 436 (trad. angl. par M. A. Newton); *Ann. des Sc. nat., Zoologie,* 1875, 6e série, t. II, art. n° 4.

[4] Les Perroquets éteints de Rodrigue sont le *Necropsittacus rodericanus* A. M. E. et le *Palæornis exsul* A. Newt.

[5] *Ibis,* 1876, p. 286.

[6] *Les voyages faits par le sieur D. B. aux*

quets un peu plus gros que Pigeons, ayant le plumage de couleur de petit gris, un chaperon noir sur la tête, le bec fort gros et couleur de feu. » Dans ses traits généraux, cette description succincte convient fort bien au Perroquet mascarin et, comme le disent MM. Newton, les divergences de détail proviennent sans doute de ce que du Bois n'apportait pas dans les portraits qu'il traçait des animaux la précision rigoureuse d'un naturaliste de profession. Il a pu fort bien appeler *couleur de petit gris* un mélange de brun et de gris, et *chaperon* un masque noir.

Peut-être trouvera-t-on encore une allusion au Perroquet mascarin dans les passages suivants de la Relation du voyage de Guillaume Isbrantsz Boutekou de Hoorn qui aborda à l'île Mascarinas (ou Bourbon) en 1 6 1 9 [1] : «Nous y vîmes beaucoup d'oies, de pigeons, de *perroquets gris* et d'autres oiseaux, et y en trouvoit jusqu'à vingt ou vingt cinq à l'ombre, sous un seul arbre, où l'on en pouvoit prendre autant qu'on vouloit. . . . . Pour les Perroquets et les autres oiseaux, lorsqu'on en avoit pris un, et qu'on le tourmentoit jusqu'à le faire crier, tous les autres qui le pouvoient entendre venoient voler vers lui, comme pour le défendre et le délivrer, et on les prenoit fort aisément. »

En revanche, il est à peu près certain que ce n'est pas du Perroquet mascarin, mais du *Lophopsittacus mauritianus* Owen, que l'auteur anonyme de la *Relation du second voyage des Hollandais aux Indes orientales*, en *1598*, veut parler quand il dit [2], à propos des oiseaux de l'île Maurice : «Il n'y a des oyes sauvages qu'en petit nombre, mais les perroquets gris s'y voient en quantité. »

Il résulte de cette discussion que le *Mascarinus Duboisi* n'habitait probablement pas Madagascar, mais qu'il habitait *certainement* l'île de la Réunion où il a dû vivre jusqu'à la fin du siècle dernier, peut-être même jusqu'aux

---

isles Dauphine ou Madagascar, et Bourbon ou Mascarenne, ès années 1669, 70, 71 et 72, Paris, 1674, p. 172 et 173. Voir A. Milne-Edwards, *Ann. des Sc. nat., Zoologie,* 1866, 3ᵉ série, t. VI, p. 44, note.

[1] *Voyage de Guillaume Isbrantsz Boutekou de Hoorn, écrit par lui-même,* dans la collection intitulée : *Recueil des voyages qui ont servi à l'établissement et aux progrez de la Compagnie des Indes orientales,* Rouen, 1725, t. VIII, p. 243 et 244.

[2] *Recueil des voyages qui ont servi à l'établissement et aux progrez de la Compagnie des Indes orientales,* Rouen, 1725, t. II, p. 160.

premières années de notre siècle, et qu'il était représenté à l'île Maurice par une forme alliée, le *Lophopsittacus mauritianus.*

Ces deux espèces offraient, comme nous l'avons vu, des affinités incontestables avec les Microglosses et les Tanygnathes, et différaient au contraire, à plusieurs égards, des *Coracopsis* et plus encore des Perroquets africains. Elles fournissent par conséquent de nouvelles preuves en faveur de l'opinion, maintes fois exprimée, que la faune avienne des îles Mascareignes ne se rattache pas directement à celle du continent voisin, mais offre plutôt des caractères asiatiques et océaniens.

<h3 style="text-align:center">LA HUPPE DU CAP.</h3>

(Fregilupus varius.)

Planche II.

Dans l'*Histoire naturelle des Oiseaux* de Buffon[1], Guéneau de Montbeillard décrivit, sous le nom de *Huppe noire et blanche du Cap de Bonne-Espérance,* une espèce qu'il rapprocha de la Huppe d'Europe, tout en constatant qu'elle différait de celle-ci par son bec plus court, par sa huppe formée de pennes moins longues et effilées comme celles du Coucou huppé de Madagascar[2], par sa queue composée de douze pennes seulement, par sa langue allongée et pénicillée à l'extrémité et par sa livrée blanche et brune. Il lui assigna pour patrie Madagascar, l'île Bourbon et le Cap de Bonne-Espérance. Bientôt après, dans les *Planches enluminées de Buffon*[3], Daubenton donna une figure de l'oiseau qui fut appelé plus tard *Upupa varia* par Boddaert[4], *Madagascar Hoope* par Latham[5], *Upupa capensis* par Gmelin[6], *Huppe grise* par Audebert et Vieillot[7], *Mérops huppé* par Levaillant[8], *Upupa mada-*

---

[1] Édit. 1779, t. VI, p. 463.

[2] Probablement le *Coua cristata* L. (A. Milne-Edwards et Alf. Grandidier, *Histoire phys., nat. et polit. de Madagascar, Oiseaux,* p. 143 et pl. 44).

[3] T. VI, pl. 697.

[4] *Tableau des Planches enluminées de Buffon,* 1783, p. 43.

[5] *Gener. Synopsis,* 1783, t. II, part. 1, p. 690.

[6] *Systema Naturæ,* 1788, t. I, p. 466, n° 4.

[7] *Hist. naturelle des Oiseaux dorés,* 1802, t. I, *Supplément, Promérops,* p. 12 et pl. III.

[8] *Histoire naturelle des Promérops et des Guépiers,* 180, *Promérops,* p. 43 et pl. 18.

gascariensis par Shaw [1], *Coracias tivouch* et *Coracia cristata* par Vieillot [2]. Ces différents auteurs publièrent des descriptions et des figures dont les meilleures sont encore, en laissant de côté quelques erreurs de détail, celles qui ont été données par Levaillant.

A partir de 1823, la Huppe du Cap de Bonne-Espérance (*Upupa capensis* Gm.) fut signalée ou décrite de nouveau par une foule d'auteurs qui lui donnèrent des noms divers et lui assignèrent, comme nous le verrons tout à l'heure, des places très différentes dans leurs classifications. Ainsi Wagler [3] crut devoir la nommer *Pastor upupa*, tandis que Lesson [4] et Ch. L. Bonaparte [5] l'appelèrent *Fregilupus capensis;* Reichenbach [6], G. Hartlaub [7], Schlegel et Pollen [8], *Fregilupus madagascariensis;* Vinson [9] substitua à ce nom celui de *Fregilupus borbonicus* que Sundevall [10], à son tour, remplaça par *Lophopsarus varius;* enfin G. R. Gray [11] employa la désignation de *Fregilupus varia,* qui fut adoptée sous la forme plus correcte de *Fregilupus varius* par Murie [12], par G. Hartlaub [13] et par R. B. Sharpe [14].

Le Muséum d'histoire naturelle de Paris possède actuellement quatre spécimens de cette espèce de Passereau, dont la synonymie est si variée, savoir : deux spécimens montés, dont l'un, de provenance inconnue, a servi de type pour la description et la figure publiées en 1802 par Audebert et Vieillot, tandis que l'autre a été envoyé au Muséum à une date plus récente, en 1833, par M. de Nivoy, et deux spécimens dans l'alcool, envoyés au Muséum, en 1839, par M. J. Desjardins.

[1] *General Zoology,* 1812, t. VIII, part. 1, p. 140.

[2] *Nouveau Dictionnaire d'histoire naturelle,* 1817, t. VIII, p. 3, et *Tabl. encycl.,* 1823, p. 697.

[3] *Syst. Avium,* 1827, *Pastor,* sp. 13.

[4] *Traité d'Ornithologie,* 1831, p. 324.

[5] *Conspectus Avium,* 1850, t. I, p. 88.

[6] *Handbuch Scansor.,* 1851, p. 321, pl. DXCVI, fig. 4039.

[7] *Syst. Uebers. der Vögel Madagascars,* in *Journ. f. Ornithologie,* 1860, p. 88, et *Ornith. Beiträge zur Fauna Madagascars, ibid.,* 1861, p. 53.

[8] *Recherches sur la Faune de Madagascar,* 1868, p. 104.

[9] *Bull. de la Société d'acclimatation,* 1868, p. 200.

[10] *Methodi naturalis Avium dispon. Tentamen,* 1872, p. 40.

[11] *Handlist Genera and Species of Birds,* 1870, t. II, p. 28, n° 6398.

[12] *Proceed. Zool. Soc. Lond.,* 1874, p. 474 et pl. 61 et 62.

[13] *Die Vögel Madagascars,* 1877, p. 203, n° 125.

[14] *Nature,* 1869, t. XL, p. 177, et *Cat. B. Brit. Mus.,* 1890, t. XIII, p. 194.

En étudiant ces spécimens qui ne sont pas tous exactement du même âge et dont l'un, celui de M. de Nivoy, est aussi frais que s'il venait d'entrer dans les collections du Jardin des Plantes, il nous a été possible de rédiger la description et de faire exécuter une figure plus exacte, croyons-nous, que celles qui ont été publiées jusqu'ici.

La prétendue Huppe du Cap est de taille un peu plus forte que la Huppe d'Europe et surtout de formes plus massives; elle rappelle davantage, à cet égard, le Martin triste (*Acridotheres tristis* L.), dont elle a les pattes vigoureuses, garnies de larges scutelles le long de la face antérieure du tarse et terminées par des doigts robustes, aux ongles solides et fortement arqués. Son bec d'ailleurs, au lieu d'être grêle et affilé comme chez les Huppes où les mandibules atteignent à peu près deux fois la longueur de la tête, ressemble aussi beaucoup par sa forme à un bec d'*Acridotheres*, tout en étant relativement un peu plus allongé. Il est assez épais à la base et va en s'amincissant graduellement jusqu'à l'extrémité, la mandibule supérieure ayant son arête supérieure régulièrement, mais faiblement arquée et présentant, près de la pointe, une très légère échancrure. Les narines s'ouvrent tout près du front, à la moitié de la hauteur de la mandibule, dans une fossette que recouvre un rudiment de membrane et sur laquelle s'avancent un peu les plumes frontales.

Les ailes arrivent, lorsqu'elles sont ployées, au tiers de la queue. Elles sont médiocrement pointues, la quatrième et la cinquième rémiges dépassant les autres pennes, la troisième étant de o m. oo2 plus courte que la quatrième, la seconde de o m. o1 plus courte que la troisième. Quant à la penne bâtarde, elle est relativement assez développée et mesure de o m. o3 à o m. o35. La distance entre le bout de l'aile et l'extrémité des pennes secondaires est de o m. o28.

La queue est formée de douze pennes également allongées, de telle sorte qu'elle paraît coupée carrément à l'extrémité. Elle est relativement beaucoup plus développée que chez les Martins tristes, que chez les Étourneaux ordinaires et même que chez les *Podoces*, où les rectrices présentent la même forme, mais où les ailes n'offrent pas exactement les mêmes rapports de longueur des rémiges.

L'oiseau adulte a les parties supérieures du corps d'un brun cendré qui se nuance de roux sur les reins, le croupion et les sus-caudales, la queue et les ailes d'un brun plus franc et plus foncé, tirant au noirâtre, les pennes caudales offrant, quand on les regarde sous un certain jour, de nombreuses raies transversales un peu analogues à celles des *Podoces Panderi* et *Hendersoni*, et les ailes présentant un petit miroir blanc formé non pas seulement, comme on l'a dit[1], par des taches occupant une faible portion des rémiges, mais encore et surtout par les couvertures des primaires, qui sont largement marquées de blanc. La tête est d'un gris cendré clair, contrastant avec la teinte du manteau et surmontée d'une huppe ou plutôt d'une sorte de crinière formée de plumes à barbes très écartées, qui, lorsqu'elles sont dressées, élèvent leur pointe à près de o m. o5 au-dessus du vertex. A la base de cette huppe, sur les sourcils et sur les joues, le gris passe au blanc pur, qui s'étend également sous le menton, tandis que les côtés du cou et la région des oreilles sont un peu nuancés de gris. Il en est de même des côtés de la poitrine et de l'abdomen dont le milieu est d'un blanc presque pur. Au contraire, toute la région postérieure de l'abdomen, à partir des pattes, et les couvertures inférieures de la queue offrent une teinte roux cendré, isabelle, qui disparaît facilement sur les spécimens exposés à l'action de l'air et de la lumière. Les couvertures intérieures des ailes et les plumes axillaires sont au contraire d'un blanc immaculé. Le bec et les pattes sont d'un jaune citron vif, même sur les exemplaires qui figurent dans les galeries depuis plus de soixante ans, et étaient sans doute d'une couleur plus intense encore pendant la vie de l'oiseau. Les yeux, d'après Vieillot, auraient été d'un brun bleuâtre[2].

Chez l'individu qui a servi de type à la description de Vieillot et qui paraît être un peu moins adulte que le spécimen de M. de Nivoy, le manteau est d'un brun plus terne, la crête d'un gris moins pur et formée de plumes

[1] Levaillant (*Hist. nat. des Promérops*, *loco cit.*) et Vieillot (*Oiseaux dorés*, *loco cit.*) disent que les pennes primaires ont une tache blanche vers le milieu, ce qui n'est pas exact; Sharpe (*Catalogue of the Birds of the British Museum*, t. XIII, p. 194), que les mêmes plumes ont la portion terminale blanche (*white for the terminal half*), ce qui est évidemment un lapsus.

[2] Nous ignorons où Vieillot a pris cette indication. L'iris est bleu cendré sur la planche.

un peu plus courtes[1]; mais tous les individus adultes semblent avoir exactement la même livrée, quel que soit leur sexe[2]. La longueur totale de l'oiseau adulte est de o m. 290; l'aile mesure o m. 148; la queue, o m. 122; le bec (culmen), o m. 028; le tarse, o m. 040; le doigt médian (sans l'ongle), o m. 028; le doigt postérieur (sans l'ongle), o m. 015, et l'ongle de ce doigt, o m. 013 [3]. Ces dimensions ne varient que très légèrement d'un spécimen à l'autre[4] et les différences qui avaient frappé Vieillot, lorsqu'il avait comparé avec la description de Guéneau de Montbeillard l'oiseau qu'il décrivait lui-même sous le nom de *Huppe grise,* proviennent assurément de ce que le collaborateur de Buffon a mesuré la longueur du bec, non pas en suivant l'arête supérieure, mais de la pointe à la commissure, et de ce qu'il a eu sous les yeux quelque dépouille fortement distendue, à moins qu'il ne faille lire « 13 lignes » au lieu de « 16 lignes » dans l'évaluation de la longueur totale de l'oiseau. Les autres dimensions indiquées par Guéneau de Montbeillard conviennent en effet parfaitement aux spécimens du Muséum, de même que la description du bec, des pattes, de la queue et des ailes.

Levaillant, le premier, critiqua le nom de *Huppe noire et blanche du Cap de Bonne-Espérance,* employé par Buffon ou plutôt par Guéneau de Montbeillard. « Il auroit dû voir, dit Levaillant[5], que cette espèce ne pouvoit être comprise dans le genre de notre huppe. Un oiseau qui, en effet, a la mandibule supérieure du bec échancrée du bout, la langue cornée, pointue, divisée en plusieurs filaments, et de la longueur à peu près du bec; qui a les pieds extraordinairement forts, relativement à sa taille, et les ongles grands et arqués, quoiqu'il dise qu'ils sont semblables à ceux de notre huppe, et qui enfin se nourrit de fruits, n'est bien certai-

---

[1] Les teintes, d'ailleurs, ont pu être légèrement altérées chez cet individu, dont l'état de conservation laisse à désirer.

[2] Le sexe des spécimens conservés dans les musées n'est généralement pas indiqué; mais on ne peut admettre qu'ils soient tous mâles ou tous femelles.

[3] Ces dimensions diffèrent très légère-ment de celles qui ont été indiquées par M. Sharpe (*Catal. Birds Brit. Mus.,* t. XIII, p. 194).

[4] Le spécimen décrit et figuré par Buffon ne mesure, il est vrai, que o m. 270 du bout du bec à l'extrémité de la queue: mais ses pennes caudales sont un peu usées.

[5] *Op. cit.,* p. 43.

nement pas un oiseau qui appartienne au genre de la huppe, ni à celui des autres promérops, qui tous ont des caractères très différents, comme on l'a vu, et ne se nourrissent que d'insectes. Pourquoi encore nommer cet oiseau *huppe noire et blanche*, lorsqu'il n'a pas un atome de noir dans son plumage, ainsi qu'on le voit, au reste, d'après la description que Buffon lui-même donne de ses couleurs? »

Un peu plus loin, après avoir parlé du nom vulgaire que la Huppe noire et blanche porte à l'île Bourbon et avoir constaté qu'en l'appelant *Martin*, les habitants de cette île semblent avoir saisi d'étroites analogies entre l'espèce en question et les Martins de l'Inde, Levaillant ajoute : « Pour peu du reste qu'on veuille faire attention, en comparant cet oiseau aux conirostres et aux différentes espèces connues de Martins, on saisira d'abord et du premier coup d'œil l'analogie qu'il montre avec ces derniers, dont il a toutes les formes extérieures, à la seule différence du bec, qui est ici plus allongé et un peu plus arqué, mais qui n'en a pas moins pour cela beaucoup de rapport avec celui des Martins. »

En résumé, on voit que si Levaillant plaçait la Huppe noire et blanche, sous le nom de *Mérops huppé*, dans son groupe d'ailleurs tout à fait hétérogène [1] des Promérops, il avait parfaitement reconnu des affinités entre ce Mérops huppé et certains oiseaux de la famille des Sturnidés, et que, s'il l'avait maintenue dans le voisinage de certains Méliphages, c'était uniquement parce que Guéneau de Montbeillard avait attribué à la Huppe noire et blanche une langue assez allongée et divisée en plusieurs filets. Or, comme nous le dirons plus loin, l'indication fournie par le collaborateur de Buffon n'est pas tout à fait correcte.

Dans la première édition de son *Règne animal* [2], G. Cuvier plaça la Huppe du Cap de Gmelin ou Huppe noire et blanche de Buffon tout à côté de la Huppe vulgaire d'Europe, tout en lui trouvant des liens de parenté avec les *Fregilus*. « Elle se lie, disait-il, plus particulièrement aux Craves, parce que les plumes antérieures de sa huppe, courtes et fines, se dirigent en avant et couvrent les narines. » C'est là du reste,

[1] Levaillant faisait entrer dans ce groupe des Paradisiers, des Huppes, des Grimpereaux, des Mohos, etc. — [2] 1817, p. 427.

nous le dirons en passant, une assertion qui n'est pas tout à fait exacte, car les narines ne sont pas entièrement recouvertes, en réalité, par les plumes frontales, qui se dirigent plutôt en haut qu'en avant et ne retombent pas, comme on pourrait le supposer d'après certaines figures. Quoi qu'il en soit, c'est d'après ce prétendu caractère que plus tard Vieillot[1] crut devoir éloigner la Huppe noire et blanche des Huppes ordinaires et des Promérops, pour la classer parmi les Rolliers (*Coracias*), non sans quelque hésitation, il est vrai, à cause de la structure de la langue signalée par Guéneau de Montbeillard. En même temps, Vieillot accepta le rapprochement, indiqué par ce dernier auteur, entre le *Tivouch* de Flacourt dont nous parlerons plus loin et la Huppe du Cap, et il désigna celle-ci sous le nom de «Rollier tivouch» (*Coracias tivouch* ou *C. cristata*).

Quelques années plus tard, Wagler[2] mit cette même espèce parmi les Martins-Roselins en la nommant *Pastor upupa*, tandis que, bientôt après, Lesson[3] la prit comme type d'un genre particulier, qu'il nomma Cravuppe (*Fregilupus*) et qu'il considéra, suivant les idées de Cuvier, comme un groupe de transition entre les Huppes (*Upupa*) et les Craves (*Fregilus*). Ce nom générique de *Fregilupus*, formé d'une manière tout à fait incorrecte, fut adopté d'abord par Ch. L. Bonaparte[4], qui maintint le genre *Fregilupus* dans la famille des *Upupidæ*, puis par G. Hartlaub, qui, après l'avoir classé entre les Huppes et les Falculies[5], le rangea parmi les Étourneaux (*Sturnidæ*), à côté des *Hartlaubia*[6], et par G. R. Gray, qui lui assigna dans son *Catalogue* la même position systématique[7]. Enfin Sundevall le rapprocha des Martins-Roselins, à l'exemple de Wagler, mais créa en sa faveur le nouveau genre *Lophopsarus*[8]. Tel était l'état de la question lorsque, en 1873, M. le docteur James Murie eut la bonne fortune de pouvoir, grâce à l'obligeance de M. le professeur Newton, étudier le sque-

---

[1] *Nouv. Dict. d'hist. nat.*, 1817, t. VIII, p. 3, et *Tabl. encycl.*, 1823, p. 627.
[2] *Syst. Avium*, 1827, *Pastor*, sp. 17.
[3] *Traité d'Ornithologie*, 1831, p. 323.
[4] *Conspectus Avium*, 1850, t. I, p. 88.
[5] *Op. cit.*, *Journ. f. Ornith.*, 1866, p. 88.
[6] *Die Vögel Madagascars*, p. 202.
[7] *Handlist*, 1870, t. II, p. 28.
[8] *Methodi naturalis Avium disponend. Tentamen*, 1872, p. 40.

lette d'un *Fregilupus varius* mâle, donné à ce dernier naturaliste par feu J. Verreaux [1], et en publier une description détaillée, accompagnée de figures [2]. Nous résumons ici les résultats principaux de cette savante étude, que nous avons vérifiés et auxquels nous ajoutons quelques observations nouvelles.

Le sternum du *Fregilupus* est beaucoup plus large que celui des Huppes, surtout dans sa région postérieure, et rappelle singulièrement par sa forme générale le sternum de l'*Hartlaubius madagascariensis* [3], offrant, comme ce dernier, deux échancrures postérieures plus larges et plus profondes que celles de la *Falculia palliata* [4] et limitées latéralement par de grandes branches hyposternales. Ce bouclier est muni d'un bréchet peut-être un peu moins élevé que chez les Huppes, mais prolongé antérieurement en un rostre plus aigu, plus accusé aussi que chez l'*Hartlaubius*. L'apophyse épisternale est plus saillante que chez les Huppes et plus bifurquée que chez l'*Hartlaubius*, rappelant ainsi davantage la disposition que l'on observe chez les Étourneaux ordinaires et chez les Ictéridés. Les pièces hyposternales sont plus larges que chez la *Falculia*, remontant aussi haut que chez l'*Hartlaubius*. La fourchette est munie d'une apophyse furculaire qui manque chez les Huppes, mais que l'on observe chez la *Falculia* et chez l'*Hartlaubius*, où elle se dirige également en arrière. L'omoplate, au lieu d'être presque droite comme chez les Huppes, se recourbe en faux comme chez l'*Hartlaubius* et la *Falculia*, et les coracoïdiens paraissent relativement un peu plus grêles et plus allongés que dans ces deux derniers genres et surtout que chez les Huppes.

Le bassin est fortement rétréci en avant et dilaté dans sa région postérieure, la différence de largeur des deux régions étant beaucoup plus accusée que chez les Huppes et un peu plus que chez l'*Hartlaubius*. Les lames iliaques, très écartées en avant de la crête du sacrum, laissent à

---

[1] J. Verreaux avait tué lui-même à l'île Bourbon, vers 1832, l'oiseau duquel fut tiré ce squelette.

[2] *Proceedings Zool. Soc. Lond.*, 1874, p. 474 et pl. LXI et LXII.

[3] A. Milne-Edwards et Alf. Grandidier, *Hist. phys., nat. et polit. de Madagascar, Oiseaux*, p. 315 et pl. 116.

[4] A. Milne-Edwards et Alf. Grandidier, *op. cit.*, p. 307 et pl. 119, fig. 3.

découvert les gouttières vertébrales, et, sur l'écusson pelvien, les trous
sacrés sont béants comme chez l'*Hartlaubius*. Les fosses iliaques externes
sont étroites et allongées; les ischions se prolongent davantage en arrière
et les pubis sont moins développés que chez les Huppes et chez la *Falculia* [1], et même que chez l'*Hartlaubius* [2], de telle sorte que les extrémités
postérieures de ces derniers os ne dépassent guère les tubérosités ischia-
tiques.

Le crâne présente, toutes proportions gardées, à peu près la même
forme générale que chez l'*Hartlaubius*. Il se dilate dans la région occipitale
et s'arrondit en arrière. Les fosses nasales, de forme ovalaire très allongée,
communiquent largement entre elles sur le squelette, la cloison inter-
nasale n'étant pas ossifiée; le vomer est court, tronqué en avant et fendu
en arrière. La cloison interorbitaire est percée, exactement comme chez
l'*Hartlaubius*, de deux fenêtres superposées, et comme chez l'*Hartlaubius*
encore les prolongements internes des maxillaires (os maxillo-palatins de
Huxley) sont très développés et ne se soudent pas sur la ligne médiane;
les os palatins sont grêles en avant, dilatés en arrière et un peu échan-
crés sur leur bord postérieur, l'angle postéro-externe étant toutefois plus
émoussé que chez l'*Hartlaubius* et surtout que chez la *Falculia*. Les mandibules, sans être aussi grêles que chez les Huppes, sont plus allongées
et plus arquées que chez l'*Hartlaubius*.

Les os de l'aile sont robustes. L'humérus est de forme trapue et très
élargi à son extrémité supérieure, où l'on distingue une double fosse et
une double ouverture pneumatique; le cubitus est faiblement arqué, un
peu plus cependant que chez l'*Hartlaubius*, et ne présente pas de saillies
aussi marquées que chez ce dernier pour l'insertion des grandes plumes
de l'aile. Le radius est grêle et comprimé, et les os de la main sont au
moins aussi allongés que chez l'*Hartlaubius* et relativement aussi robustes.

Les pattes sont proportionnellement moins courtes et plus fortes que
chez l'*Hartlaubius*. Le tarso-métatarsien, au lieu d'être, comme dans cette

[1] A. Milne-Edwards et Alf. Grandidier, *Hist. phys., nat. et polit. de Madagascar, Oiseaux*,
pl. 119, fig. 7. — [2] A. Milne-Edwards et Alf. Grandidier, *op. cit.*, pl. 116, fig. 7.

dernière espèce, à peu près de la longueur du fémur, est notablement plus allongé et offre la même forme prismatique que chez la *Falculia;* il est fortement comprimé d'avant en arrière dans sa portion inférieure et s'épaissit vers le haut, où l'on aperçoit en arrière la gouttière profonde qui logeait les puissants tendons des muscles fléchisseurs des doigts. Sa surface articulaire supérieure présente cinq pertuis disposés absolument comme chez l'*Hartlaubius*. Le fémur est plus robuste, le tibia plus allongé que dans cette dernière espèce, mais les doigts offrent à peu près les mêmes proportions, le pouce étant presque égal au doigt interne (sans la phalange unguéale).

En résumé, le squelette du *Fregilupus varius* offre certaines analogies avec celui de la *Falculia palliata* et des ressemblances beaucoup plus frappantes avec celui de l'*Hartlaubius madagascariensis* que M. le docteur Murie n'avait pas eu l'occasion d'étudier, mais qui a été décrit d'une manière complète et figuré dans l'*Histoire physique, naturelle et politique de Madagascar*[1]. Dans cet ouvrage, l'un de nous a montré qu'au point de vue ostéologique, l'*Hartlaubius* s'écartait notablement des Sturnidés ordinaires et se rapprochait à certains égards des Turdidés : il n'est donc pas étonnant que M. le docteur Murie ait constaté également de fortes dissemblances dans la conformation de diverses pièces de la charpente osseuse chez un Étourneau, d'une part, chez un *Fregilupus*, d'autre part. Les différences résident principalement dans la forme des échancrures postérieures du sternum et des lames qui les limitent extérieurement, dans la forme du bréchet et de l'apophyse épisternale, celle-ci étant beaucoup plus fortement bifurquée chez les Étourneaux que chez le *Fregilupus* et l'*Hartlaubius*, dans les proportions des différentes pièces de la boîte crânienne, etc. En revanche, M. le docteur Murie a constaté de grandes ressemblances entre le *Fregilupus*, d'une part, le *Pastor roseus* et l'*Acridotheres cristatellus*, d'autre part, aussi bien dans la conformation du sternum et de la ceinture scapulaire que dans celle du bassin et du crâne.

Le tube digestif du *Fregilupus varius*, dont nous n'avons pu faire mal-

[1] *Oiseaux*, p. 314 et pl. 116.

heureusement qu'une étude rapide et sommaire sur un individu conservé dans l'alcool, nous a paru assez semblable dans son ensemble à celui de la *Falculia palliata*[1] et de l'*Hartlaubius madagascariensis*. Le ventricule succenturié n'est pas nettement séparé de l'œsophage dont il semble une simple dilatation. Le gésier est globuleux, à parois musculaires très résistantes et garni en dedans d'une épaisse couche cornée qui peut se subdiviser en deux feuillets et dont la surface intérieure offre des plis et des rides correspondant à ceux de la couche musculaire sous-jacente. Sur les deux tiers supérieurs de la hauteur du gésier, les plis affectent en général une direction longitudinale, tandis que, dans le dernier tiers, ils dessinent des zigzags, ils deviennent confluents et donnent à cette partie l'aspect rugueux d'une coquille de noix. L'intestin, d'un calibre à peu près uniforme sur la plus grande partie de son étendue, mesure environ o m. 25 de long. Les cœcums existent à peine et ne sont représentés que par deux petits prolongements atteignant au plus o m. 001, c'est-à-dire aussi rudimentaires que chez la *Falculia palliata* et à peine plus marqués que chez l'*Hartlaubius madagascariensis*, où nous avons eu beaucoup de peine à découvrir des indices de ces prolongements en faisant l'autopsie d'un spécimen conservé dans l'alcool. La langue ressemble exactement à celle de l'*Hartlaubius madagascariensis* [2]. Elle n'est pas subdivisée immédiatement en plusieurs filets dans sa portion terminale, ainsi que le disait Guéneau de Montbeillard, mais elle est partagée au sommet, par une légère incision, en deux lobes pointus qui sont euxmêmes effilochés sur les bords. Elle est assez rigide, en forme de lamelle triangulaire et assez longue, sans dépasser la moitié de la mandibule inférieure [3].

La trachée-artère est d'un calibre moyen et à peu près uniforme, sans circonvolutions, et le larynx inférieur ou *syrinx* a son extrémité inférieure en partie cachée sous les muscles longs releveurs, formant deux masses contiguës, comme chez la *Falculia* et chez l'*Hartlaubius*.

[1] A. Milne-Edwards et Alf. Grandidier, *Hist. de Madagascar, Oiseaux*, pl. 120.
[2] *Ibid.*, *op. cit.*, pl. 116, fig. 9.

[3] Voir Murie, *op. cit.*, *Proceed. Zool. Soc. Lond.*, 1874, p. 482 et 483, et pl. LXII, fig. 10.

Ces renseignements sur le squelette et les viscères du *Fregilupus* comblent en partie certaines lacunes signalées par M. le docteur Muric et n'infirment nullement les conclusions auxquelles ce naturaliste était arrivé relativement à la parenté de l'espèce de Bourbon avec les Martins-Roselins.

Si la Huppe noire et blanche du Cap ne peut être placée, comme le voulait Wagler, purement et simplement dans le genre *Pastor*, si elle mérite de constituer le type d'un genre particulier, elle offre des affinités incontestables avec le genre *Pastor* et le genre *Acridotheres*. Elle en présente de plus étroites encore avec l'*Hartlaubius*, qui constitue dans la grande famille des Sturnidés un groupe un peu aberrant, et elle se rattache intimement à l'espèce éteinte de l'île Rodrigue, ou *Necropsar rodericanus*. Nous ignorons si elle offre, d'autre part, des relations avec les *Scissirostrum*, auprès desquels M. R. B. Sharpe a cru devoir la ranger, mais, en tout cas, il nous paraît désormais nécessaire de rapprocher, beaucoup plus que ne le fait cet ornithologiste distingué, les *Fregilupus* des *Pastor*, des *Acridotheres* et même des *Sturnopastor*, et de les mettre immédiatement à côté des *Hartlaubius*. On peut remarquer d'ailleurs que ces affinités sont traduites en quelque sorte par l'aspect extérieur des oiseaux, car les *Sturnopastor* ont les pattes robustes et les formes un peu lourdes du *Fregilupus* et portent souvent une livrée variée de noir et de blanc grisâtre, les Martins-Roselins offrent, avec une huppe de forme différente, un ensemble de teintes distribuées à peu près comme chez l'oiseau de Bourbon, etc.

La prétendue Huppe du Cap constituant désormais le type d'un genre, le genre *Fregilupus*, son nom spécifique doit être formé par l'adjonction au nom de ce genre de l'épithète *varius* qui a été employée dès 1783 par Boddaert et qui a d'ailleurs l'avantage de ne pas consacrer une erreur manifeste comme les épithètes *capensis* ou *madagascariensis* employées plus tard par Gmelin et par Shaw. Le nom de *Fregilupus borbonicus* proposé par M. Vinson serait évidemment préférable, mais les lois rigoureuses de la priorité s'opposent à son adoption. En tout cas, il est absolument certain que ce nom équivaut rigoureusement à *Fre-*

gilupus varius et ne désigne pas une deuxième espèce, distincte de la précédente, comme l'a indiqué Giebel [1]. Enfin, toujours en vertu des lois de priorité, le nom générique de *Lophopsarus* Sund. doit être également ment rejeté.

Du temps de Levaillant, c'est-à-dire en 1806, les *Fregilupus varius* n'étaient pas, à beaucoup près, aussi rares dans les collections qu'ils le sont aujourd'hui. Ce naturaliste avait pu, en effet, étudier jusqu'à huit exemplaires de cette espèce, savoir : deux au Muséum d'histoire naturelle de Paris, d'autres dans les cabinets de MM. Gigot Dorcy, Mauduyt, l'abbé Aubry et Poissonnier, un autre chez son ami M. Raye, à Amsterdam, et un dernier dans sa propre collection. Nous ignorons absolument ce que sont devenus les exemplaires de Levaillant, de M. Raye, de MM. Gigot Dorcy, Mauduyt, Aubry et Poissonnier, et nous ne savons s'ils ont été anéantis ou s'ils ont passé en d'autres mains. Un des deux spécimens du Muséum, profondément altéré, sans doute par de maladroites fumigations, a dû être réformé il y a plus de soixante ans. Il a été remplacé, comme nous l'avons dit, par un magnifique spécimen, actuellement monté, donné par M. de Nivoy, et par deux spécimens dans l'alcool reçus de M. J. Desjardins. Un exemplaire de la même espèce, provenant de la collection de feu M. le comte de Riocour, dans laquelle il était entré en 1833, a été acquis récemment par le Musée britannique. Trois spécimens, fort bien conservés, se trouvent, d'après M. G. Hartlaub [2], dans les Musées de Florence et de Pise; un exemplaire très ancien et en assez mauvais état figure dans les collections du Musée de Leyde; un autre au Musée de Stockholm [3]; deux spécimens sont conservés, dit-on, au Musée de Troyes; enfin un autre encore existe au Musée de Port-Louis, dans l'île Maurice. Tels sont, à notre connaissance, les seuls vestiges qui subsistent de cette espèce qui manque au Musée impérial de Vienne, au Musée de Berlin, au Musée de Dresde et dans beaucoup d'autres grands établissements scientifiques de l'Europe.

[1] *Thesaurus ornithologicus*, 1874, t. II, p. 192. Cette erreur a été relevée par M. le docteur Murie (*op. cit.*, *Proceed. Zool. Soc. Lond.*, 1874, p. 480).

[2] *Syst. Ueb. Vög. Madag.*, *Journ. f. Ornith.*, 1860, p. 807.

[3] D'après M. Murie (*op. cit.*, *Proceed. Zool. Soc. Lond.*, 1874, p. 475).

IMPRIMERIE NATIONALE.

Le spécimen du Musée de Port-Louis est probablement celui que M. le docteur J. Desjardins mentionne en ces termes dans son Catalogue manuscrit[1] :

«Un individu envoyé de Bourbon où il habite par M. Lepervenche Mézières[2], en juin 1834. Il est conservé en peau, mais non pas monté», et dont il donne une description succincte.

Le *Fregilupus varius*, dont le squelette a été décrit par M. le docteur Murie, avait été tué par J. Verreaux à l'île Bourbon vers 1832. Le passage ci-dessus, extrait des notes de M. Desjardins, montre que des *Fregilupus* existaient encore à l'île de la Réunion en 1834. L'espèce n'avait pas disparu en 1835, comme en témoignent les lignes suivantes, de la plume du même naturaliste : «Mon ami Marcelin Sauzier m'en a apporté quatre vivantes de Bourbon en mai 1835. Elles mangent de tout. Deux se sont échappées quelques mois après, et il pourrait bien se faire qu'elles peuplassent nos forêts.» Le fait s'est-il produit? On serait tenté de le croire, car M. Desjardins ajoute : «A la séance du 5 janvier 1837[3], il en a été présenté un individu empaillé par M. Liénard père, qui le tenait de M. Autard qui l'avait tué à la Savane. Ce dernier l'a assuré en avoir souvent vu en troupes considérables.» S'il s'agit bien ici de la Savane dans l'île Maurice, les *Fregilupus varius* auraient donc fondé une colonie dans cette île où elles ne se rencontrent plus à l'heure actuelle, et où elles n'existaient pas originellement, puisque M. J. Desjardins écrivait en 1826, à propos de cette espèce : «Il n'y en a pas à l'île Maurice.»

La présence des *Fregilupus* à l'île Bourbon est d'ailleurs attestée par d'autres auteurs : ainsi Levaillant dit avoir appris d'un habitant de l'île que cette espèce (le Mérops huppé) vit en grandes bandes à Bourbon où elle fréquente les lieux humides et les marais, et cause de grands dommages aux caféiers. D'un autre côté, nous trouvons dans la Relation déjà

---

[1] Le Catalogue et les Notes de M. le docteur Desjardins, mort à Paris en 1840, ont été rédigés à l'île Maurice, de 1830 à 1838. Ces manuscrits sont actuellement la propriété de l'un de nous (A. Milne-Edwards).

[2] Ou Lepervanche-Mézière, membre de la Société d'histoire naturelle de l'île Maurice.

[3] De la Société d'histoire naturelle de l'île Maurice.

citée du voyage de du Bois[1] la mention suivante[2] concernant des *oiseaux de terre* : « Huppes ou *Callendres*, ayant un bouquet blanc sur la teste, le reste du plumage blanc et gris, le bec et les pieds comme un oyseau de rapine; ils sont un peu plus gros que les Pigeonnaux; c'est encore un bon gibier quand il est gras. » Les Huppes dont il est question dans ce passage sont évidemment des *Fregilupus*, de même que celles dont parle du Quesne dans un Rapport dont Leguat a donné un extrait[3]. « Outre les Oiseaux communs dans cette isle (Bourbon), dit du Quesne, je nommerai les Perdrix, les Tourterelles, les Ramiers, les Bécasses, les Râles, les Merles, les Grives, les *Huppes*, les Oyes, les Butors, les Canards, les Poules d'eau, les Perroquets, les Aigrettes, les Géans, les Fous, les Frégates, les Moineaux et quantités d'autres petits oiseaux. »

M. Alfred Newton avait cru découvrir encore une allusion, sinon au *Fregilupus varius*, du moins à une espèce du même genre, dans les lignes suivantes extraites d'un manuscrit datant de 1760 et intitulé *Relation de l'île Rodrigues*[4] : « On trouve un petit oiseau qui n'est pas fort commun, car il ne se trouve pas sur la grande terre; on en voit sur l'île au Mât, qui est au sud de la grande terre, et je crois qu'il se tient dans cette île à cause des oiseaux de proie qui sont à la grande terre, comme aussi pour y vivre avec plus de facilité des œufs de ces oiseaux de pêche qui y pondent, car ils ne mangent autre chose que les œufs ou quelques tortues mortes de faim qu'ils savent assez bien déchirer. Ces oiseaux sont un peu plus gros qu'un merle et ont le plumage blanc, une partie des ailes et la queue noires, le bec jaune aussi bien que les pattes, et ont un ramage merveilleux; je dis un ramage quoiqu'ils en aient plusieurs, et tous diffé-

---

[1] *Le voyage fait par le sieur D. B. aux isles Dauphine ou Madagascar et Bourbon ou Mascarenne ès années 1667, 1670, 1671 et 1672.*

[2] Voir A. Milne-Edwards, *op. cit.*, *Ann. des Sc. nat.*, Zoologie, 1866, 5ᵉ série, t. VI, p. 43 et 44 (note).

[3] *Le voyage et les avantures de François Leguat*, Amsterdam, 1750, t. I, p. 55.

[4] Ce manuscrit a été découvert dans les archives du Ministère de la marine à Paris (*Isle de France, Correspondance générale*, t. XII, 1760) par M. Rouillard, magistrat de l'île Maurice, qui en a pris copie qu'il a communiquée à M. Édouard Newton. Le frère de ce dernier, M. Alfred Newton, en a publié des extraits dans les *Proceedings* de la Société zoologique de Londres en 1875 (p. 41).

rents et chacun des plus jolis. Nous en avons nourri quelques-uns avec de la viande cuite hachée bien menu qu'ils mangeaient préférablement aux graines des bois. »

Ce que l'auteur anonyme de cette Relation dit de la taille de l'oiseau, de son plumage, de son régime et de son chant semble indiquer qu'il a voulu parler d'une espèce de la famille des Sturnidés. On sait en effet que les oiseaux de ce groupe sont de la grosseur d'un Merle ou un peu plus forts, qu'ils portent assez souvent une livrée de deux couleurs, qu'ils ont fréquemment le bec et les pattes jaunes, qu'ils se nourrissent principalement d'insectes et de fruits, mais que certains d'entre eux dévorent au besoin des charognes, et qu'enfin ils ont un ramage varié et quelquefois très agréable. Les couleurs et les dimensions assignées à cet oiseau de Rodrigue sont même à très peu près celles du *Fregilupus varius;* toutefois, comme on a trouvé, il y a quatorze ou quinze ans, à l'île Rodrigue les restes d'une autre espèce éteinte de la famille des Sturnidés, espèce que MM. Günther et Newton ont décrite sous le nom de *Necropsar rodericanus* [1], il est probable que c'est plutôt de cette dernière qu'il est question dans le passage précité. En tout cas, il est bon de noter que cette espèce, quelle qu'elle fût, n'a pas été mentionnée par François Leguat, qui séjourna cependant pendant deux ans à l'île Rodrigue, à une époque antérieure où fut écrite la *Relation* découverte par M. Rouillard. Leguat, qui était un observateur des plus consciencieux, dit expressément [2] : « A Rodrigue, il n'y a qu'une seule sorte de petits oiseaux; ils ne ressemblent pas mal aux Serins de Canarie, nous ne les avons jamais entendu chanter, encore qu'ils soient si familiers, qu'ils viennent se poser sur un livre qu'on tient à la main. » Évidemment ces petits oiseaux plus ou moins semblables à des Serins ne pouvaient être des *Fregilupus* ni des *Necropsar* [3]. Peut-être ces derniers, habitant déjà à cette époque, non la grande terre,

[1] *Philosophical Trans.,* 1879, t. CLXVIII, p. 427, pl. XLII, fig. A. G.

[2] *Le voyage et les avantures de François Leguat,* Amsterdam, 1750, t. I, p. 107.

[3] Comme l'a fait observer M. Newton, le portrait que Leguat a laissé de ces petits oiseaux ne convient pas même au *Foudia flavicans* ni à la *Drymoica rodericana*, les seuls Passereaux que l'on trouve actuellement dans l'île. Ces deux espèces, qui se sont établies peut-être à Rodrigue à une date relativement récente, ont en effet un chant très agréable.

mais un îlot voisin, sont-ils demeurés inconnus de Leguat et de ses compagnons.

L'indication de la présence du *Fregilupus varius* à Madagascar provient certainement du rapprochement établi d'abord par Guéneau de Montbeillard, et ensuite par Vieillot, entre cette espèce et le *Tiuouch* ou *Tivouch* de Flacourt, qui n'est probablement autre chose que la Huppe bordée, *Upupa marginata* Peters [1]. Flacourt dit en effet, en parlant des oiseaux de Madagascar qui hantent les bois [2] : « *Tiuouch*, c'est la huppe; il est tacheté de noir et de gris, et a une belle crête de plumes », ce qui ne signifie pas que l'espèce en question n'ait eu sur son plumage d'autres couleurs que le noir et le gris, mais simplement que la livrée offrait des marques noires et grises. Or la Huppe commune de Madagascar, l'*Upupa marginata*, offre en effet, sur les épaules, sur les ailes, sur la queue et sur la huppe des taches et des bandes, les unes noires, les autres d'un blanc sale [3]. Peut-être même, dans certains cas, la confusion a-t-elle été établie non seulement entre la Huppe noire et blanche et la Huppe bordée, mais entre cette même espèce et la *Falculia palliata*, autre oiseau de Madagascar qui rappelle un peu les Huppes par son bec recourbé et qui porte une livrée de deux couleurs [4]. En tout cas, on peut affirmer que le *Fregilupus* n'existe pas et n'a jamais existé à Madagascar. Il ne se trouve pas davantage, il est presque inutile de le rappeler, au Cap de Bonne-Espérance. Levaillant avait déjà, au commencement de ce siècle, déclaré qu'il n'avait jamais rencontré l'espèce dans ses pérégrinations à travers l'Afrique australe et avait indiqué l'île Bourbon comme étant l'une des contrées habitées par l'oiseau. Enfin c'est par suite d'une erreur plus grossière encore et tout à fait inexplicable que Bowdich a indiqué l'île de Porto-Santo comme lieu d'origine de la prétendue Huppe du Cap.

[1] Dans l'*Histoire physique, naturelle et politique de Madagascar* (*Oiseaux*, p. 143), le *Tivouch* a été indiqué comme identique au *Coua cristata*, ce qui maintenant nous semble douteux.

[2] *Relation de la grande isle de Madagascar*, Paris, 1661, p. 166.

[3] Voir A. Milne-Edwards et Alf. Grandidier, *Hist. phys., nat. et politique de Madagascar, Oiseaux*, 1879, p. 270 et pl. 93 à 95.

[4] A. Milne-Edvards et Alf. Grandidier, *op. cit.*, p. 304 et pl. 117 à 120 inclusivement.

Le *Fregilupus varius* avait donc pour patrie l'île de la Réunion et était très probablement propre à cette île, d'où il paraît avoir complètement disparu à l'heure actuelle, les derniers individus ayant dû être tués de 1838 à 1858, époque à laquelle, chose curieuse, d'autres espèces intéressantes ont été rayées de la faune contemporaine. Dans les *Recherches sur la Faune de Madagascar*, de Pollen et Van Dam, publiées en 1868, M. Pollen disait en effet [1] : «Cette espèce est devenue tellement rare à la Réunion qu'on n'en a pas entendu parler depuis une dizaine d'années. Elle a été détruite dans toutes les parties du littoral, même dans les montagnes peu éloignées de la côte. Des personnes dignes de foi m'ont cependant assuré qu'elle doit exister encore dans les forêts de l'intérieur, près de Saint-Joseph. Les vieux créoles que j'ai consultés à ce sujet me disaient que, dans leur jeunesse, ces oiseaux étaient encore communs et qu'ils étaient tellement stupides qu'on pouvait les tuer à coups de bâton. Les créoles de l'île lui donnent le nom de *Huppe*. Ce n'est donc pas à tort qu'un habitant distingué de l'île de la Réunion, M. A. Legras, s'exprimait sur cet oiseau dans les termes suivants : «La Huppe est devenue tellement rare qu'à «peine nous en avons vu une douzaine dans nos pérégrinations à la dé-«couverte des oiseaux; nous avons même eu la douleur d'en chercher «vainement un spécimen dans notre Musée.»

Ce n'est donc pas d'après un exemplaire de ce Musée, mais d'après un spécimen d'une collection particulière que doit avoir été exécutée la planche insérée dans l'*Album de l'île de la Réunion* [2].

Le *Fregilupus varius* a dû être précédé dans la tombe par le *Necropsar rodericanus*, placé dans des conditions encore moins favorables, tandis que l'*Hartlaubius madagascariensis*, ayant un domaine beaucoup plus vaste, des ressources plus variées, des retraites mieux assurées, s'est perpétué jusqu'à nos jours.

Quelles sont les causes de la disparition du *Fregilupus?* C'est ce qu'il est assez difficile de déterminer. Faut-il l'attribuer, comme on l'a fait quelquefois, à l'introduction à l'île de la Réunion du *Myna* de l'Inde (*Acridotheres*

---

[1] P. 104. Voir A. Murie, *Proceed. Zool. Soc. Lond.*, 1874, p. 419 (note). — [2] P. 50.

tristis), qui aurait exterminé et supplanté l'espèce indigène? Peut-être en partie, quoiqu'il semble que cette introduction, faite par Poivre en 1755, aurait dû produire plus tôt ses effets. Faut-il admettre que les Rats, qui se sont rapidement multipliés dans les îles Mascareignes, ont été les auteurs de la destruction des *Fregilupus*, dont ils détruisaient les œufs? Nous avons quelque peine à l'admettre, les *Fregilupus* ayant dû nicher sur les arbres ou dans des cavités peu accessibles aux Rongeurs. Faut-il enfin supposer que les *Fregilupus* ont été exterminés par les colons, en partie à cause des dégâts qu'ils causaient dans les plantations, en partie à cause des qualités de leur chair? Cette explication nous semble de beaucoup la plus vraisemblable, d'autant plus qu'à une date récente, les Mynas eux-mêmes ont failli être définitivement proscrits, en dépit des services qu'ils rendaient comme destructeurs d'Acridiens.

Guéneau de Montbeillard et Levaillant nous apprennent que les Huppes du Cap causaient des ravages dans les plantations de café et que, dans l'estomac d'un individu de cette espèce, on avait trouvé des graines et des baies de *Pseudobuxus;* mais, à l'exemple des Mynas et des autres Sturnidés, les *Fregilupus* devaient aussi faire la guerre aux Insectes et mêlaient sans doute des Orthoptères, des Coléoptères coprophages aux fruits et aux graines de diverses plantes sauvages ou cultivées[1]. Tel est, du reste, le régime des *Hartlaubius*[2]. Malheureusement l'autopsie de deux *Fregilupus* n'a pu nous fournir à cet égard aucune indication, ces individus ayant le gésier et l'intestin complètement vides. Comme les Étourneaux et comme les *Hartlaubius*, les *Fregilupus* fréquentaient les endroits humides et vivaient en troupes, ce qui rendait leur chasse et leur destruction plus faciles. Nous ne possédons malheureusement aucun renseignement sur leur mode de nidification, sur le nombre et la couleur de leurs œufs, dont il n'existe, à notre connaissance, aucun spécimen dans les Musées de l'Europe.

Toute incomplète qu'elle est, cette notice apportera, nous l'espérons,

---

[1] Le docteur Desjardins constate en effet, dans ses notes, qu'un *Fregilupus*, gardé en cage, mangeait de tout.

[2] A. Milne-Edwards et Alf. Grandidier, *op. cit.*, p. 314. Dans le gésier d'un *Hartlaubius* dont nous avons fait l'autopsie, nous n'avons trouvé cependant que de petites graines à enveloppe dure et velue.

quelque lumière sur des points encore obscurs de l'histoire du *Fregilupus varius*; elle fournira de nouvelles preuves à l'appui de l'opinion exprimée par M. le docteur Murie, relativement aux affinités zoologiques de cette espèce et, par le rapprochement que nous établissons avec la *Falculia palliata* et l'*Hartlaubius madagascariensis*, contribuera à resserrer les liens qui unissent la faune de l'île Bourbon avec celle des autres îles Mascareignes.

LA COLOMBE HÉRISSÉE.

(ALECTROENAS NITIDISSIMA.)

Planche III.

Dans le cours de son voyage aux Indes orientales et à la Chine, Sonnerat rencontra à l'île de France une espèce de Pigeon des plus remarquables, dont il rapporta un spécimen au Muséum d'histoire naturelle et qu'il décrivit, dans la Relation de son voyage[1], sous le nom de *Pigeon hollandais*, nom qui faisait allusion, soit aux premiers possesseurs de l'île de France, soit, comme le dit M. Alfred Newton[2], à la livrée de l'oiseau sur laquelle on trouve les trois couleurs, rouge, blanc et bleu, du pavillon hollandais. Bientôt après, cette même espèce fut mentionnée par Latham[3] et par Gmelin[4], qui l'appelèrent, le premier *Hackled Pigeon*[5], le second *Columba Franciæ*, puis par Scopoli[6], qui la nomma *Columba nitidissima*. Plus tard, le Pigeon hollandais de Sonnerat fut décrit et figuré de nouveau, sous le nom de *Ramier hérissé*, par Levaillant[7], qui, le confondant avec une autre espèce, prétendit l'avoir rencontré en troupes nombreuses dans l'Afrique australe, et sous le nom de *Colombe hérissée*, par

---

[1] *Voyage aux Indes orientales et à la Chine fait depuis 1774 jusqu'à 1781*, in-4°, Paris, 1782, t. II, p. 175 et pl. 101, et édit. Sonnini, 1806, t. IV, p. 302.

[2] *Proceed. Zool. Soc. Lond.*, 1879, p. 3.

[3] *General Synopsis of Birds*, in-4°, Londres, 1781-1785, t. II, part. 2, p. 641, n° 36. Plus tard, dans son *Index ornithologicus* (Londres, 1790, *Columbæ*, sp. 42), Latham adopta le nom de *Columba Franciæ*.

[4] *Syst. Nat.*, 1788, t. I, p. 779, n° 51.

[5] Littéralement *Pigeon à effilochures*, à cause de la forme lancéolée des plumes du camail.

[6] *Deliciæ Floræ et Faunæ Insubricæ*, in-fol., Ticini, 1786-1788, p. 93, n° 89.

[7] *Histoire naturelle des Oiseaux d'Afrique*, in-4°, Paris, 1799-1808, t. VI, p. 74, pl. 267. Voir aussi Sundevall, *Kritik Framställn.*, p. 53.

Temminck [1], qui, par suite d'une confusion plus excusable avec le Founingo [2], lui assigna, en outre, pour patrie, la grande île de Madagascar.

La *Columba batavica* de Bonnaterre [3], la *Columba jubata* de Wagler [4], doivent encore être assimilées à la même espèce que G. R. Gray [5] prit pour type d'un nouveau genre, en l'appelant *Alectrœnas nitidissima.* C'est sous ce dernier nom qu'elle figure aussi dans le *Conspectus Avium* de Ch. L. Bonaparte [6], dans les *Études sur l'Ornithologie de Madagascar* du docteur G. Hartlaub [7] et dans un Mémoire spécial de M. Alfred Newton [8].

La description que Temminck a donnée de la Colombe hérissée étant généralement très exacte et ayant été rédigée d'après l'exemplaire de la collection du Muséum que nous avons sous les yeux, nous ne croyons pouvoir mieux faire que de la reproduire, en y ajoutant quelques détails et en l'accompagnant de quelques observations.

« Ce magnifique Pigeon, dit Temminck, se distingue de toutes les autres espèces de la famille columbace (*sic*) par la forme singulière des plumes du cou..... Des plumes étroites et lustrées ornent sa tête; il porte sur le cou une large touffe composée de longues plumes qui se dessinent élégamment sur le haut du dos où elles paraissent former une espèce de manteau nuancé de teintes d'un blanc argentin. Cette couleur opère un contraste admirable avec les diverses teintes de bleu foncé répandues sur les autres parties du corps; lorsque les doux feux de l'amour viennent, au renouvellement de la saison, aiguillonner le désir des jouissances, ou bien lorsqu'un objet imprévu inspire la crainte à cette Colombe, elle s'embellit encore en redressant et en faisant revenir par-dessus sa tête toutes les longues plumes dont le cou est décoré. » En lisant ces dernières lignes, on croirait vraiment que Temminck a eu sous les yeux

[1] *Histoire naturelle générale des Pigeons, avec figures, par Mlle P. de Courcelles*, in-fol., Paris, 1808, t. I, p. 50 et pl. XIX.

[2] *Funingus madagascariensis* L.

[3] *Tableau encyclopédique et méthodique* (*Encycl. méthod.*), 1790-1823, p. 233.

[4] *Syst. Avium*, 1827, *Columba*, sp. 22.

[5] *List of Genera of Birds*, 1840, p. 58. — Au nom générique d'*Alectrœnas*, Agassiz (*Nomenclator zoologicus*, p. 38) donna la forme, sans doute plus correcte, d'*Alectorœnas*.

[6] T. II, 1857, p. 29.

[7] *Beiträge z. Fauna Madagascars*, p. 65, et *Vögel Madagascars*, 1877, p. 263, n° 164.

[8] *Proceed. Zool. Soc. Lond.*, 1879, p. 2.

non pas un spécimen empaillé et rigide, mais un oiseau vivant! C'est
évidemment en s'inspirant de cette peinture enthousiaste que l'artiste,
Mlle Pauline de Courcelles[1], a représenté la Colombe hérissée avec les
plumes du camail hirsutes, le bec entr'ouvert et les ailes soulevées.

« Toutes les plumes de la tête, du cou et de la poitrine, dit encore
Temminck, sont longues, étroites et se terminent en pointe. Leur forme
est extraordinaire; l'extrémité est dure, cartilagineuse et polie; elle paraît
former un prolongement aplati de la baguette; sa substance ressemble
aux appendices lustrés qui terminent quelques plumes alaires du *Jaseur
de Bohême*, ainsi qu'à ces larges lames cartilagineuses dont est pourvue
une espèce de coq sauvage des Indes. »

Les plumes du camail de l'*Alectrœnas nitidissima* présentent, en effet,
une structure particulière; mais il n'est pas tout à fait exact de dire,
comme le fait Temminck, que l'extrémité de leur tige s'aplatit en une pa-
lette comparable à celles qui terminent certaines plumes alaires du Jaseur
ou les plumes du camail du Coq de Sonnerat; en réalité, c'est sur la plus
grande partie de la longueur de la plume que la tige se modifie, prenant
l'aspect d'un demi-tuyau transparent, d'une moitié de tube corné, fendu
longitudinalement. Ce demi-tuyau est plus ou moins effiloché, et ce sont
ces filaments latéraux qui représentent les barbes, au moins sur les plus
longues plumes du camail, car les premières plumes, voisines du menton
ou insérées sur la gorge, offrent une conformation moins anormale. Nous
ne connaissons, ni parmi les *Funingus* qui, comme nous le verrons tout
à l'heure, ont des affinités très étroites avec l'*Alectrœnas nitidissima*, ni
parmi les Pigeons des autres groupes, aucune espèce qui possède des
plumes de cette nature.

L'*Alectrœnas nitidissima* mesure, ainsi que le dit Temminck, environ
12 à 13 pouces de long (anciennes mesures françaises), c'est-à-dire
0 m. 350[2]; mais ses ailes, lorsqu'elles sont ployées, dépassent un peu le
milieu de la queue et ont 0 m. 235 de long; la queue, un peu usée et

---

[1] Qui devint plus tard Mme Knip. — [2] C'est bien à tort que Sonnini (*Voyage de
Sonnerat*, édit. 1806, t. IV, p. 302) décrit le *Ramier hérissé* comme étant beaucoup plus
grand que le *Ramier d'Europe*.

incomplète, devait être formée de pennes ayant à très peu près toutes
la même longueur, c'est-à-dire o m. 135; le bec a o m. 025 le long du
culmen et o m. 028 de la pointe à la commissure des mandibules; le
tarse, o m. 020; le doigt médian sans l'ongle, o m. 032. Les côtés de la
tête, depuis la base des mandibules jusqu'à o m. 005 ou o m. 006 en
arrière de l'œil, sont complètement dénudés; il en est de même de la partie
du front immédiatement contiguë à la mandibule supérieure, mais peut-
être dans cette région quelques plumes sont-elles tombées. Toutes les
parties nues, de même que la peau dans laquelle sont percées les narines,
paraissent avoir été d'un rouge vermillon, comme cela a été représenté
dans la planche de Mlle P. de Courcelles. De même, les pattes, qui sont
coloriées en noir bleuâtre sur cette planche et que Sonnerat indique
comme ayant été noires, doivent avoir été plutôt d'un violet rougeâtre ou
même franchement rouges dans l'oiseau vivant. Elles sont emplumées
presque jusqu'à la naissance des doigts, qui sont robustes et armés d'ongles
recourbés, de couleur brune. Le bec est jaune à la pointe et un peu
noirâtre au milieu, et, d'après Sonnini[1], les yeux auraient été rouges.

Le camail qui couvre le sommet de la tête, la nuque et le cou est, dans
le spécimen que nous avons sous les yeux et dont les teintes paraissent
avoir été altérées, d'un blanc jaunâtre, un peu tacheté de noir sur la gorge
et sur les côtés du cou, mais dans l'oiseau vivant il devait être en majeure
partie d'un blanc argentin ou grisâtre, et certainement d'un blanc moins
cru que sur la figure de l'ouvrage de Temminck; le dos, les épaules et les
parties inférieures du corps, depuis la poitrine jusqu'à la région sous-
caudale inclusivement, sont au contraire d'un beau bleu indigo, à reflets
violacés, rappelant beaucoup la teinte du manteau du *Funingus madagascariensis*, mais de nuance un peu plus foncée. Les grandes pennes alaires
tirent au noir sur leurs barbes internes et les pennes caudales sont en
majeure partie d'un beau rouge carmin, un peu plus vif que chez les *Funingus madagascariensis;* toutefois, absolument comme chez ce dernier, il
y a aussi du bleu foncé le long de la tige des rectrices médianes et sur les

---

[1] *Voyage de Sonnerat*, édit. 1806, t. IV, p. 303.

quatre cinquièmes environ des rectrices latérales, dont la portion terminale seule est d'un rouge cramoisi.

Il suffit de jeter un coup d'œil sur les figures de l'*Alectrœnas nitidissima* qui ont été publiées antérieurement et sur celle que nous donnons aujourd'hui pour se convaincre que ce Pigeon n'a absolument rien de commun avec les Ramiers dans le groupe desquels Levaillant avait cru devoir le classer et qu'il offre au contraire une grande ressemblance avec les Founingos (*Funingus*) de Madagascar et des Seychelles[1]. Comme ceux-ci, il a des formes ramassées et un peu massives, le bec court, renflé dans son tiers terminal, déprimé à la base, les pattes robustes, les côtés de la tête dénudés, le cou revêtu d'un camail dont les plumes contrastent par leur aspect et leur mode de coloration avec celles du reste du corps. Par les teintes générales du manteau et de la queue, il rappelle même singulièrement le Founingo de Madagascar ou *Funingus madagascariensis*[2], dont il se distingue cependant aisément par sa taille plus forte, par sa queue relativement un peu plus développée et surtout par son camail dont les plumes offrent une structure tout à fait anormale. Ce dernier caractère est même à vrai dire la seule particularité extérieure qui permette de séparer génériquement l'*Alectrœnas nitidissima* des *Funingus*, qui eux-mêmes ont des affinités évidentes avec les Pigeons verts ou *Ptilopus*.

L'*Alectrœnas nitidissima* n'est plus représenté, à l'heure actuelle, dans les collections publiques, que par trois spécimens, savoir :

1° Un spécimen au Muséum d'histoire naturelle de Paris. Ce spécimen, provenant du voyage de Sonnerat, est le seul et unique individu que ce naturaliste ait rapporté (le catalogue manuscrit de sa collection en fait foi[3]),

[1] Ces analogies avaient déjà été reconnues par Sonnini (*Voyage de Sonnerat*. édit. 1806).

[2] A. Milne-Edwards et Alf. Grandidier, *Hist. phys., nat. et polit. de Madagascar*, Oiseaux, p. 476 et pl. 193, 194, 195. Le *Funingus madagascariensis* a été mentionné sous le nom de *Fanou Manghe* par Flacourt (*Histoire de la grande isle de Madagascar*, 1661,

p. 163), qui l'a comparé à un Biset ou à un Ramier.

[3] Ce catalogue, conservé dans les archives du Muséum, ne mentionne qu'un spécimen. C'est évidemment par erreur que Temminck (*Hist. nat. des Pigeons*, t. 1, p. 51) et, d'après lui, M. Alfred Newton (*Proceed. Zool. Soc. Lond.*, 1879, p. 3) disent que Sonnerat a rapporté *deux* spécimens d'*Alectrœnas*.

et presque certainement le seul exemplaire qui ait jamais figuré dans
les collections du Muséum. Ce spécimen est malheureusement dans un
état de conservation qui laisse à désirer, quoique depuis longtemps il
soit l'objet de soins exceptionnels. De même que le Perroquet mascarin,
il a été, à la fin du siècle dernier, victime de fumigations qu'on avait eu
la malencontreuse idée d'employer pour combattre les ravages des insectes
et qui ont eu pour effet de ternir les couleurs des oiseaux, d'altérer ou de
ronger leurs plumes[1];

2°. Un spécimen au Musée de Port-Louis (île Maurice). Ce spécimen
provient sans doute de l'ancienne collection de M. le docteur J. Desjardins,
qui, après avoir résidé à Flacq, dans l'île Maurice, mourut à Paris le
18 avril 1840. Dans le catalogue manuscrit de cette collection, catalogue
que possède l'un de nous, nous trouvons en effet sous la rubrique *Columba
Franciæ* Sonner., suivie d'une courte synonymie, cette indication précieuse :
« Individu tué dans les forêts de la Savane, en 1826, par E. Geoffroy. Il
m'a été donné par sa veuve le 22 mai 1829. Il est bien facile à distinguer
par les plumes de la tête et du cou, qui sont blanches et d'une nature différente des autres plumes. Tout le reste de l'oiseau est en général d'un
beau bleu noirâtre et une grande tache rouge sur la queue. Longueur
totale, 13 pouces. » Cette courte description ne laisse aucun doute sur
l'exactitude de la détermination de l'espèce;

3° Un spécimen au *Museum of Science and Art*, à Édimbourg. Ce spécimen, qui demeura longtemps ignoré, fut présenté à la Société zoologique
de Londres, le 14 janvier 1879, par M. le docteur Traquair, et donna lieu
à d'intéressantes observations de la part de M. Alfred Newton[2]. D'après ce
dernier naturaliste, il aurait été acquis vers 1816 par l'Université d'Édimbourg avec ce qu'on appelait la collection Dufresne, et quelques années plus
tard il fut transporté au *Museum of Science and Art*, où il se trouve actuellement. L'étiquette porte : *The Hackled Pigeon*, *Ptilopus nitidissimus* Scop.
Loc. *Isle de France*, *Columba Franciæ* Dufresne, et sur la face inférieure
du support de l'oiseau on lit ces mots : *The Hackled Pigeon*, 219. *Columba*

---

[1] Du temps de Temminck, en 1808, quelques spécimens et entre autres l'*Alectrœnas*
étaient déjà ainsi détériorés. — [2] *Proceed. Zool. Soc. Lond.*, 1879, p. 2.

Franciæ L. M. Newton se demande comment ce spécimen et les autres objets de la collection Dufresne sont parvenus à Édimbourg. Pour répondre à cette question, nous rappellerons que, dès l'an VII (1798-1799), Dufresne était attaché au Muséum d'histoire naturelle de Paris, où il s'occupait alors du montage des animaux, et qu'un peu plus tard, sans quitter le Muséum, il devint conservateur du Cabinet d'histoire naturelle que l'Impératrice Joséphine avait établi dans sa résidence de la Malmaison. Après son divorce, l'Impératrice paraît s'être désintéressée de la collection qu'elle avait formée, en partie avec des objets qui lui avaient été offerts, en partie avec des spécimens qui lui avaient été donnés par le Muséum, vers 1798 ou 1799, pour la plupart en échange d'autres exemplaires. Nous avons trouvé, en effet, dans un ancien registre une note de la main de Dufresne constatant, à la date du 13 mars 1811, qu'à la suite d'une lettre reçue par M. Geoffroy Saint-Hilaire et transmise par M. Bonpland, le 11 mars, «les professeurs l'ont autorisé à choisir parmi les oiseaux que possède S. M. l'Impératrice et dont il est le dépositaire tous ceux qui manquent dans les galeries (du Muséum)». Une autre note nous apprend que Dufresne fit choix de 19 spécimens dont il donne l'énumération et parmi lesquels ne figure point la *Columba Franciæ* ou *Alectrœnas nitidissima*. On ne peut en conclure évidemment que l'espèce n'ait point été représentée dans les collections de la Malmaison, puisque Dufresne a dû se borner strictement à choisir les espèces manquant au Muséum. Or l'*Alectrœnas* n'était point dans ce cas, puisque alors déjà figurait dans les collections le spécimen rapporté par Sonnerat.

Mais si, ce qui d'ailleurs est une pure hypothèse, un exemplaire d'*Alectrœnas nitidissima* donné à l'Impératrice par quelque voyageur faisait partie des collections de la Malmaison, particulièrement riche en oiseaux exotiques et en coquilles, cet exemplaire a dû partager le sort desdites collections ou plutôt du reste de ces collections, soit que celles-ci aient été dispersées au moment du pillage du château par des soldats des armées alliées en 1814, soit plutôt qu'elles aient été vendues entièrement par les soins de Dufresne. D'une façon ou de l'autre, un exemplaire d'*Alectrœnas* aurait pu, précisément vers 1816, parvenir en Écosse et y être incorporé dans la collection publique comme acquis de Dufresne. Toutefois une autre supposition nous paraît encore beaucoup plus vraisemblable; c'est que Dufresne possédait une collection personnelle dans laquelle se trouvait un spécimen d'*Alectrœnas nitidissima*, que cette collection a été vendue à la mort de son propriétaire et achetée, au moins en partie, par un établissement scientifique de la Grande-Bretagne. Dans les notes manuscrites du docteur Desjardins, nous trouvons en effet, à propos de la *Columba Franciæ*, les extraits suivants du *Voyage pittoresque à l'île de France* de Milbert[1], qui se rapportent évidemment à cette espèce: «Le Pigeon à crinière, les habitants de l'île de France le nomment *Pigeon hollandais;* la tête, le cou et la poitrine sont ornés de plumes blanches, longues, pointues, qu'il peut relever à volonté; le reste du corps ainsi que les ailes sont d'un beau violet foncé; l'extrémité de la queue est d'un rouge pourpré; c'est une des plus belles espèces de ce genre..... Cet oiseau vit solitaire dans l'enfoncement des rivières, où j'ai souvent eu l'occasion de le voir, sans avoir pu m'en procurer un individu. Il se nourrit de fruits et de coquilles fluviatiles..... Espèce rare apportée en France par M. Mathieu. *M. Dufresne, qui m'a communiqué cette note, la possède dans sa magnifique collection.»* C'était probablement de ce M. Mathieu[2] que M. Dufresne tenait le spécimen d'*Alectrœnas* qui est arrivé par la suite au Musée d'Édimbourg.

Quant au *British Museum of Natural History*, il n'a jamais possédé de représentant de l'espèce, et c'est par erreur que G. R. Gray a signalé l'*Alectrœnas* parmi les oiseaux figurant dans les galeries ou dans les magasins de ce grand établissement.

Il est absolument certain aujourd'hui que l'*Alectrœnas nitidissima* n'a jamais habité l'île de Madagascar, comme MM. Pollen et Van Dam l'avaient supposé[3], et qu'il vivait exclusivement à l'île de France ou île Maurice,

[1] 2 vol. in-8°, Paris, 1812, t. II, p. 259 et 260.

[2] Dans un ancien registre contenant les Rapports manuscrits sur les travaux du Laboratoire de Zoologie en 1811, nous avons trouvé cette indication précieuse, de la main du Dufresne, que M. Mathieu, chef de bataillon d'infanterie de marine, venait (en juillet 1811) d'arriver de l'île de France, où il était resté pendant huit ou dix ans et où il avait recueilli avec beaucoup de soin une très grande quantité d'objets d'histoire naturelle, dont il avait donné une partie au Muséum, en échange de quelques coquilles.

[3] *Recherches sur la Faune de Madagascar, Oiseaux,* p. 158.

d'où Sonnerat avait rapporté le spécimen qui figure encore dans les galeries du Muséum. Nous trouvons du reste d'assez nombreuses allusions à cette espèce dans les récits des voyageurs qui ont visité l'île de France dans le cours du xviie et du xviiie siècle, ainsi que dans quelques ouvrages traitant des productions naturelles de notre ancienne colonie. Ainsi François Cauche nous apprend[1] qu'il y avait des Ramiers à l'île Maurice en 1628 et l'abbé Lacaille rapporte[2] qu'on y voyait, en 1754, des Ramiers de deux sortes, dont une est un manger très délicat, mais fort pernicieux. On lit encore dans le *Voyage à l'isle de France* de Bernardin de Saint-Pierre[3] : «Il y a un Ramier appelé Pigeon hollandais dont les couleurs sont magnifiques et une autre espèce d'un goût agréable, mais si dangereuse que ceux qui en mangent sont saisis de convulsions; » dans les *Études de la Nature* du même auteur, on trouve ce passage[4] : «Plusieurs oiseaux qui vivent entre les tropiques, au sein des noirs rochers, ou à l'ombre des sombres forêts, sont de la couleur d'azur : tels sont la Poule de Batavia qui est toute bleue, le Pigeon hollandais de l'île de France, » etc.; enfin, dans les *Harmonies de la Nature*[5], il est question de «ces oiseaux bleus de passage qu'on y appelle Pigeons hollandais ».

De ces derniers mots on peut conclure que les Pigeons hollandais étaient communs vers 1769, époque du séjour de Bernardin de Saint-Pierre à l'île de France, où peut-être ils ne résidaient pas toute l'année, émigrant sans doute à certaines saisons vers des îles voisines. Ils y étaient encore fort répandus en 1790 et ils y ont vécu au moins jusqu'à 1826, époque à laquelle, comme nous l'avons dit plus haut, un individu de cette espèce fut tué à la Savane par M. E. Geoffroy. Ce spécimen est peut-être le dernier Pigeon hollandais que l'on ait pu obtenir et les recherches effectuées à l'île Maurice dans le cours de ces dernières années n'ont pu faire découvrir aucun représentant vivant dans les forêts de Maurice[6], et, ce qui

---

[1] *Relations véritables et curieuses de l'île de Madagascar*, in-4°, Paris, 1651.

[2] *Histoire de l'Académie des sciences*, in-4°, Paris, 1759, p. 109.

[3] In-8°, Amsterdam, 1773, t. II, p. 122.

[4] Paris, 1784, et édit. in-8°, Paris, 1825, t. II, p. 139.

[5] Paris, 1796.

[6] Voir A. Newton, *op. cit.*, *Proceed. Zool. Soc.*, 1879, p. 3.

est plus étrange, aucun vestige de l'espèce dans les gisements qui ont fourni les restes d'autres oiseaux disparus [1].

Un autre Pigeon de l'île Maurice, la *Trocaza Meyeri* [2], aura bientôt sans doute le triste sort de l'*Alectrœnas nitidissima*. C'est peut-être à cet autre Pigeon, plutôt qu'au Ramier hérissé, que se rapporte le passage suivant, qui est extrait de la Relation du second voyage des Hollandais aux Indes orientales, en 1598 [3] : «Il y a (à l'île Maurice) une multitude d'oiseaux, particulièrement des tourterelles : les matelots en prirent jusqu'à cent cinquante dans une seule après-dînée, et s'ils en avoient pu emporter davantage, ils en auroient pris en la main, ou tué avec un bâton autant qu'ils auroient voulu. » L'auteur de cette Relation ajoute que la qualité de la chair de ces oiseaux faisait trouver mauvaise la chair du Dronte.

Nous hésitons encore moins à attribuer à la *Trocaza Meyeri* quelques lignes tirées de la Relation du deuxième voyage d'Estienne van der Hagen [4]. Après avoir raconté que les marins de l'expédition furent atteints, durant une relâche à l'île Maurice en 1607, d'une indisposition singulière caractérisée par une extrême faiblesse, et avoir rapporté que quelques personnes attribuèrent cette indisposition à l'usage de la chair d'une certaine espèce de Poisson, l'auteur ajoute : «D'autres ont imputé cet effet à des Pigeons qu'on y mange et qui sont rouges aussi bien par le corps qu'à la queue, ce qui ne peut non plus avoir lieu; car quelques-uns de ceux qui en mangèrent ne furent point malades et ceux qui l'avoient été en mangèrent quantité après être relevez de maladie et trouvèrent que la nourriture en étoit bonne. »

Ce qui prouve qu'il s'agit bien ici de la *Trocaza Meyeri* et non de l'*Alec-*

---

[1] C'est par erreur que M. G. Hartlaub dit (*Vögel Madagascars*, p. 264) que des restes fossiles d'*Alectrœnas nitidissima* ont été trouvés à l'île Maurice par M. H. Slater. (Voir A. Newton, *op. cit.*, *Proceed. Zool. Soc. Lond.*, 1879, p. 4.)

[2] *Columba Meyeri* March., Temminck et Knip, *Hist. nat. des Pigeons*, t. II, p. 60; G. Hartlaub, *Vög. Madag.*, p. 265, n° 166; *Trocaza Meyeri*, Ch. L. Bonaparte, *Consp. Avium*, t. II, p. 45.

[3] *Recueil des voyages qui ont servi à l'établissement et aux progrez de la Compagnie des Indes*, nouv. édit., Rouen, 1725, t. II, p. 159.

[4] *Recueil des voyages*, etc., 1725, t. V, p. 244.

trœnas nitidissima, c'est que : 1° la *Trocaza Meyeri* a le plumage d'une teinte rougeâtre claire, passant au rouge vineux sur le cou, la gorge, le manteau, les flancs et les sous-caudales, et au rouge cannelle sur la queue, tandis que l'*Alectrœnas nitidissima* a le manteau bleu et la queue rouge; 2° dans le passage cité plus haut du *Voyage à l'isle de France* de Bernardin de Saint-Pierre, il est dit formellement que le Pigeon de l'île Maurice dont il est dangereux de manger la chair *n'est pas* le Pigeon hollandais, mais une deuxième espèce, c'est-à-dire certainement la *Trocaza Meyeri*[1].

De cette constatation nous pouvons tirer quelques déductions intéressantes. En effet, si la *Trocaza Meyeri* passait, à tort ou à raison, pour une espèce vénéneuse[2], on comprend qu'elle ne devait pas être fort recherchée, tandis que l'*Alectrœnas nitidissima*, dont la chair était sans doute aussi savoureuse que celle du Founingo de Madagascar[3], devait être au contraire l'objet d'une chasse très active. Par conséquent, la dernière était fatalement condamnée à disparaître bien plus rapidement que la première.

Les mœurs et le régime des *Alectrœnas nitidissima* devaient être les mêmes que ceux des *Funingus* : ces Pigeons formaient probablement des troupes nombreuses; leur nourriture se composait de fruits, de baies et de graines. Ils nichaient sans doute sur des arbres et devaient avoir des œufs de couleur blanche. Enfin on peut admettre que les jeunes, comme ceux des Founingos, se distinguaient des adultes par leurs teintes noires moins tranchées et les plumes de leur camail beaucoup moins effilées[4].

---

[1] Nous avons trouvé encore dans les Notes manuscrites du docteur Desjardins diverses citations empruntées à Grant et à Van der Hagen qui se rapportent *probablement* à la même espèce, mais que nous croyons inutile de rapporter ici, parce qu'elles ne font que répéter ce qui a été dit plus haut et qu'il n'est pas certain qu'elles s'appliquent à la Colombe hérissée.

[2] Peut-être se nourrissait-elle de fruits vénéneux qui donnaient à sa chair des propriétés toxiques.

[3] Voir Flacourt et Alph. Milne-Edwards et Alf. Grandidier, *op. cit.*

[4] L'un de nous (E. Oustalet, *Étude sur la Faune ornithologique des îles Seychelles*, *Bulletin de la Soc. philomathique*, 1878, p. 177) a montré que, chez le *Funingus pulcherrimus* et sans doute chez tous les *Funingus*, les plumes du camail s'effilaient avec l'âge.

En terminant l'étude de cette espèce, nous ne devons pas omettre de faire remarquer que la démonstration de sa présence à l'île Maurice constitue un fait des plus intéressants : il est prouvé désormais que le type *Funingus*, c'est-à-dire les *Funingus* proprement dits et l'*Alectrœnas*, était répandu jadis sur toutes les îles Mascareignes et s'y manifestait sous des formes variées, occupant chacune un groupe d'îles ou une île distincte : le *Funingus madagascariensis* vivant à Madagascar; le *F. Sganzini*, aux Comores; le *F. pulcherrimus*, aux Seychelles; l'*Alectrœnas nitidissima*, à Maurice, et sans doute quelque autre forme à l'île Bourbon. Ces *Funingus* et ces *Alectrœnas*, par leurs affinités avec les *Ptilopus*, rattachaient, plus étroitement encore que ne le faisait le *Mascarinus*, la population ornithologique des îles Mascareignes et de Madagascar à celles de l'Asie méridionale et de l'Océanie.

LE CANARD DE LABRADOR.

(Camptolæmus labradorius.)

Planche IV.

Nous n'étudierons pas le Canard de Labrador d'une manière aussi détaillée que le Perroquet mascarin, la Huppe du Cap ou la Colombe hérissée, car il se trouve moins parcimonieusement représenté dans les collections publiques et il a été, il y a quelques années, l'objet d'un travail monographique complet de la part de M. Dawson Rowley [1]. Signalée pour la première fois, vers 1785, sous le nom de *Pied Duck* [2], par Pennant [3] qui avait reçu la dépouille d'un individu tué dans le Connecticut par M. Blackburn, cette espèce fut mentionnée, quelques années plus tard, sous le même nom par Latham [4] et sous le nom d'*Anas labradoria* par Gmelin [5]. Wilson en donna une excellente description accompagnée de figures dans

[1] *Ornithological Miscellany*, 1877, t. II, p. 205 et pl. LV.

[2] Canard bigarré.

[3] *Arctic Zoology*, 1785, t. II, p. 559, n° 488, figure de fronstipice.

[4] *A General Synopsis of Birds*, 1781-1783, t. III, part. 2, p. 497, n° 46, et *Gener. History of Birds*, 1821-1824, t. X, p. 318.

[5] *Systema Naturæ*, 1788, t. I, p. 537.

son *Ornithologie américaine*[1], et, à son tour, le grand historien des oiseaux des États-Unis, J. J. Audubon, lui consacra une notice illustrée du portrait du mâle et de la femelle dans son grand ouvrage intitulé *Birds of America*[2]. Comme Ch. L. Bonaparte l'avait fait peu de temps auparavant[3], Audubon considéra le Canard de Labrador comme une Fuligule (*Fuligula labradoria*), tandis que, dans sa *Monographie des Canards*[4], Eyton le plaça dans un genre particulier, le genre *Kamptorhynchus*, dont le nom fut modifié par G. R. Gray et devint *Camptolaimus*[5], l'espèce étant appelée *Camptolaimus labradorius*. C'est ainsi, ou plutôt sous la forme corrigée par Agassiz[6], *Camptolæmus labradorius*, que le Canard de Labrador se trouve désigné dans la plupart des ouvrages scientifiques modernes. La *Fuligula grisea* de Leib[7] ne représente, comme l'auteur lui-même l'a bientôt reconnu[8], que le jeune du *Camptolæmus labradorius* que l'on trouve encore parfois mentionné sous le nom de *Skunk Duck*[9] et de *Sand Shoal Duck*[10].

Le Canard de Labrador est notablement plus petit que notre Canard sauvage; il ressemble un peu aux Fuligules, tout en ayant des formes moins ramassées, et davantage encore à certains Eiders de petite taille dont on a formé le genre *Stelleria*. Il rappelle du reste les Eiders par la nature des plumes des côtés de sa tête, qui sont courtes et veloutées, et par le mode de distribution des couleurs de son plumage, mais il en diffère notablement par la forme de son bec, dont la mandibule supérieure s'élargit vers l'extrémité et se prolonge latéralement en deux lobes arrondis retombant mollement de chaque côté sur la mandibule inférieure. Ces

---

[1] *American Ornithology*, 1808-1814, t. III, p. 114 et pl. LXIX.

[2] *The Birds of America*, 8ᵉ édit., 1843, t. VI, p. 329.

[3] *The Gen. of N. Amer. Birds and Syn. of the Species*, 1826-1828, *Annals of the Lycæum of Nat. Hist. of N. York*, t. II, p. 391, n° 337.

[4] *A Monograph of the Anatidæ or Duck tribe*, in-4°, Londres, 1838, p. 57.

[5] *A List of the Genera of Birds*, 2ᵉ édit., 1841, p. 95.

[6] *Nomenclator zoologicus*, 1843, p. 181.

[7] *Description of a new species of Fuligula*, 1840 (*Journ. of the Academy of Nat. Sc. Philadelphia*, t. VIII, p. 170).

[8] Note intercalée après coup dans le texte.

[9] Littéralement Canard-Mouffette. Ce nom fait allusion aux couleurs blanches et noires du plumage, rappelant un peu celles du pelage des *Skunks* ou Mouffettes.

[10] Canard des lagunes.

lobes assez épais, mais moins résistants que le reste du bec, ont beaucoup d'analogie avec ceux des *Hymenolæmus*.

Chez les mâles adultes, tels que celui dont la dépouille, assez bien conservée, figure dans les galeries du Muséum, la tête, le cou et la partie supérieure de la poitrine sont d'un blanc pur recoupé nettement par une raie longitudinale noire, courant sur le vertex depuis le front jusqu'à l'occiput, et par un cercle de même couleur entourant le cou. Ce cercle se rattache en arrière à une large plaque noire qui couvre le dos, la croupe et les couvertures supérieures de la queue; la partie inférieure de la poitrine, l'abdomen, la région anale et les rémiges sont d'une teinte moins foncée, d'un brun fuligineux tirant au noirâtre et très finement piqueté et rayé de blanc sur la poitrine et les flancs, tandis que les pennes secondaires, les couvertures alaires et les scapulaires sont d'un blanc pur. La queue, taillée légèrement en pointe, est d'une teinte fuligineuse, tirant au noir, le bec noir avec une large tache triangulaire, d'un jaune orangé à la base, et un liséré de même couleur sur les deux tiers de la longueur des mandibules; les yeux sont d'un brun noisette, les pattes d'un gris cendré clair avec les membranes interdigitales noires et des taches noires sur la face postérieure des tarses.

Wilson assigne au mâle adulte 20 pouces ou 0 m. 510 de longueur totale et 29 pouces ou 0 m. 740 d'envergure. Le spécimen du Muséum a 0 m. 490 de long; son aile ployée mesure 0 m. 225; sa queue, 0 m. 095; son bec, 0 m. 045, le long du culmen; quant aux dimensions du tarse et du doigt médian, elles ne peuvent être indiquées avec certitude, les pattes, en mauvais état, ayant dû être réparées.

La femelle adulte, qui n'est malheureusement pas représentée dans les collections du Muséum, mais dont nous trouvons des descriptions et des figures dans Wilson et dans Audubon, est plus petite que le mâle et n'a que 0 m. 480 de long sur 0 m. 685 d'envergure; elle a les côtés du front blanchâtres, le dessus de la tête, le menton et le cou d'un gris cendré, la partie supérieure du dos d'un gris ardoisé tirant au brun, les ailes marquées d'une large tache blanche formée par les pennes secondaires, le dessous du corps d'un gris cendré parsemé de blanc sale et de brun terreux, les pattes colorées comme chez le mâle et le bec marqué d'une tache cordiforme orangée.

Enfin, dans la livrée du jeune dont M. Dawson Rowley a donné une description d'après un exemplaire du Musée de Liverpool, les teintes sont moins pures; la tête, le dos, le croupion et la queue sont d'un gris brunâtre, les sus-caudales d'une nuance plus foncée, les secondaires en partie blanches, les couvertures alaires et les scapulaires grisâtres, et les parties inférieures du corps d'un gris brunâtre.

Comme nous l'avons dit plus haut, l'*Anas labradoria* a été rapproché tour à tour des Fuligules et des Eiders. M. Alfred Newton, dans l'*Ornithologie* de l'*Encyclopédie britannique* [1], l'a classé décidément parmi ces derniers oiseaux, et M. Dawson Rowley, sans être tout à fait satisfait de la place assignée à l'oiseau dont il publiait la Monographie, n'a pas cru devoir l'éloigner du genre *Somateria*. D'après son aspect extérieur comme d'après ce que nous savons de ses mœurs, l'*Anas labradoria* ne nous paraît cependant pas pouvoir être considéré comme un véritable Eider, quoiqu'il ait certainement des liens de parenté avec ces oiseaux; mais il offre assurément aussi certaines analogies dans la structure du bec avec l'*Hymenolœmus malacorhynchus* de la Nouvelle-Zélande, auprès duquel Ch. L. Bonaparte [2] et G. R. Gray [3] l'ont placé. En revanche, nous ne saurions admettre le rapprochement déjà indiqué par Ch. L. Bonaparte et exagéré par Gray entre le *Camptolœmus labradorius* et le *Micropterus cinereus* de Patagonie. Ce dernier est un oiseau de mœurs et d'allures bien différentes [4].

Il y a une soixantaine d'années, les Canards de Labrador étaient encore très répandus dans le pays dont ils portent le nom et descendaient en hiver le long des côtes du Nouveau-Brunswick, de la Nouvelle-Écosse, du Maine, du Massachusetts, du New-Jersey, remontaient parfois le cours de

[1] *Encyclopædia britannica*, éd. 9, t. XVIII, *Ornithology*, p. 375.

[2] *Conspectus Anserum systematicus. Ordo XI, Anseres, Comptes rendus de l'Académie des sciences*, 1856, t. XLIII.

[3] *Handlist of the Genera and Species of Birds*, 1871, t. III, p. 88, n° 10703.

[4] *Mission scientifique du Cap Horn, Zoologie, Oiseaux*, par E. Oustalet, 1891, p. 212 et pl. 4.

la Delaware jusqu'à Philadelphie, mais ne dépassaient probablement pas
au sud la baie de Chesapeake [1]. D'après le capitaine Hall [2], ils étaient alors
aussi fort communs sur la côte septentrionale du détroit d'Hudson, mais
ils ne devaient pas remonter beaucoup plus haut vers le nord, et ne
s'avançaient pas dans les régions à l'ouest de la mer d'Hudson, comme on
l'a dit par erreur [3]. Les pêcheurs canadiens les prenaient sur les côtes et
à l'embouchure du Saint-Laurent à l'aide de lignes dormantes amorcées
avec des Moules et on apportait durant toute l'année, mais principalement
en hiver, sur le marché de New-York, des douzaines de ces oiseaux captu-
rés, pour la plupart, sur l'île de Long Island [4]. Cette île et quelques îlots
disséminés le long des côtes occidentales des États-Unis et du Canada leur
offraient des retraites plus sûres que celles qu'ils auraient trouvées sur
les rivages du continent voisin, déjà fortement peuplées et hantées par
des carnassiers. Ils y établissaient leurs nids, faits de quelques rameaux
d'arbres verts et tapissés intérieurement d'une couche de duvet, comme
les nids d'Eiders; ils y élevaient leurs jeunes et s'y livraient, dans les eaux
peu profondes, à la pêche des mollusques et des petits poissons marins [5];
mais les choses changèrent quand les chasseurs, les pêcheurs et surtout
ces terribles chercheurs d'œufs dont parle Audubon [6] se mirent à exploiter
les côtes du Labrador, du Massachusetts et du Connecticut. Les nids furent
pillés, les œufs enlevés, les parents massacrés sans pitié, et pour les
Camptolæmus labradorius les conséquences de cette œuvre de destruction
se firent d'autant plus rapidement sentir que ces Palmipèdes étaient d'un
naturel confiant [7], qu'ils nichaient à terre et qu'ils occupaient un domaine
relativement restreint, n'allant pas, comme d'autres Palmipèdes, se re-

[1] J. J. Audubon, *Birds of America*, t. VI,
p. 329 et suiv., et G. Dawson Rowley,
Ornithological Miscellany, t. II, p. 205 et
suivantes.

[2] G. Dawson Rowley, *Ornith. Miscellany*,
loco cit.

[3] Th. Nuttall, *Manual of Ornithology*,
1834, t. II, p. 428.

[4] J. P. Giraud, *Birds of Long Island*,
1844, p. 327.

[5] J. J. Audubon, *Birds of America*, t. VI,
p. 329 et suiv.; Newton, *Encyclop. britannica*, *Ornithology*, *loco cit.*

[6] Voir à ce sujet les *Scènes de la nature*,
traduites d'Audubon par Eug. Bazin, Paris,
1857, t. II, p. 53.

[7] Les chasseurs les désignaient même
pour ce motif sous le nom de *Fool Birds*
(Elliott Coues, *Proceed. Acad. Nat. Sc. Philadelphia*, 1861, p. 239).

produire dans le voisinage du cercle arctique, mais séjournant dans des régions beaucoup plus accessibles.

A partir de 1850, les apparitions des Canards de Labrador sur les côtes des États-Unis se firent de plus en plus rares et aujourd'hui l'espèce doit être considérée comme tout à fait éteinte. On croyait d'abord que le dernier individu avait été tué dans l'automne de 1852 par le colonel Wedderburn à Halifax Harbour[1]; mais, vers 1866, M. D. G. Elliot obtint un autre spécimen provenant de Long Island, qu'il donna à l'*American Museum of Natural History*[2], et de 1867 à 1874 sept ou huit individus de la même espèce furent encore tués sur la même île et devinrent la propriété de M. George A. Boardman, de M. J. Akhurst de Brooklyn, de M. J. Wallace, etc., qui les conservèrent dans leurs collections ou les envoyèrent en Europe[3].

Il résulte des recherches minutieuses de M. Dawson Rowley qu'il existe actuellement dans les collections publiques et privées, en Europe et en Amérique, 33 spécimens de *Camptolæmus labradorius*. Celui du Muséum d'histoire naturelle, à Paris, a été donné, en 1810, à cet établissement, par M. Hyde de Neuville, qui a enrichi nos galeries de plusieurs espèces intéressantes de l'Amérique du Nord.

LE GRAND PINGOUIN.

(Alca impennis L.)

Nous n'aurons que peu de choses à dire au sujet de cet oiseau dont l'histoire est bien connue.

Le Grand Pingouin de Buffon[4], *Alca major* de Brisson[5], *Alca impennis* de Linné[6], *Pinguinus impennis* de Bonnaterre[7], *Plautus impennis* de Steen-

---

[1] Newton, *op. cit.*

[2] Dawson Rowley, *op. cit.*

[3] Voir *American Naturalist*, t. II, p. 325 (août 1868), et t. III (sept. 1869); Dawson Rowley, *op. cit.*; *Forest and Stream* (numéro du 4 mai 1876); E. Coues, *Key N. A. Birds*, 1872, p. 291.

[4] *Histoire naturelle des Oiseaux*, 1783, t. IX, p. 393 et pl. XXIX.

[5] *Ornithologie*, 1760, t. VI, p. 85 et pl. VII.

[6] *Systema Naturæ*, éd. 12, 1766, t. I, p. 210.

[7] *Tableau encyclopédique*, 1790, t. I, p. 28.

strup[1], *Geirfugl* des Danois et des Norvégiens, *Garefowl* des Anglais,
Brillenalk ou *Riesenalk* des Allemands, a été, en effet, l'objet de publica-
tions tellement nombreuses que la liste des notes et des mémoires consa-
crés soit à la description des spécimens montés, des squelettes et des œufs
conservés dans les musées, soit à l'histoire de l'espèce et de sa disparition,
remplirait plusieurs pages. Au lieu de rééditer des renseignements bien
connus, nous préférons renvoyer nos lecteurs à quatre travaux principaux
où se trouvent condensés à peu près tout ce que l'on sait au sujet de l'*Alca
impennis*, c'est-à-dire à la notice, accompagnée d'une planche, insérée par
M. H. E. Dresser dans son *Histoire des Oiseaux d'Europe*[2], à deux Mémoires
de M. le docteur W. Blasius[3] et à des observations très intéressantes
publiées sur M. Frédéric A. Lucas dans le *Rapport annuel des Directeurs de
l'Association smithsonienne*[4], et nous nous attacherons surtout à décrire le
spécimen monté et les œufs qui figurent dans les galeries du Muséum
d'histoire naturelle de Paris.

Ce spécimen, qui est indiqué comme venant des côtes d'Écosse et ayant
été acquis en 1832, est parfaitement adulte et représente un individu en
plumage d'été. Comme la plupart des spécimens qui figurent dans les
collections publiques, et comme celui qui a été représenté sur une planche
du Mémoire de M. Lucas[5], il a été monté dans une attitude trop droite,
et la peau, particulièrement dans la région du cou, paraît avoir été un
peu distendue, ce qui a exagéré la longueur totale de l'oiseau. Cette longueur est de 0 m. 820, tandis qu'elle n'est que de 0 m. 760 dans le
spécimen du *British Museum* figuré par H. E. Dresser[6]. Son aile mesure

[1] *Naturh. Foren. Vidensk. Meddel*, 1855, p. 114.

[2] *A History of the Birds of Europe*, 1871-1881, t. VIII, p. 563 et pl. 620.

[3] *Ueber die letzten Vorkommnisse des Riesen-Alks (Alca impennis), Ver. f. Naturw. z. Braunschweig*, III *Jahresber. f.* 1881/1882 und 1882/1883 et *Zur Geschichte der Ueberreste von Alca impennis, Journ. f. Ornith.*, 1884, n° 1.

[4] *The Expedition to Funk Island, with observations upon the History and Anatomy of the Great Auk, Annual Report of the Board of Regents of the Smithsonian Institution, for the year ending june 30 1888*, Washington, 1890, p. 493.

[5] *Op. cit.*, pl. 62. Ce spécimen, venant d'Islande, appartient au Musée national des États-Unis. Il a été remonté, dans ces derniers temps, dans une autre attitude, ce qui a sensiblement diminué sa hauteur.

[6] Pl. 620, figure de gauche.

o m. 1 6o de long et est, par conséquent, un peu plus longue que celle du spécimen du *British Museum*, où l'aile n'a que o m. 1 5 2 ou 6 pouces; sa queue, o m. 1 o o; son bec, le long du culmen, o m. o g 5 sur o m. o 4 5 de hauteur maximum; le tarse a o m. o 4; le doigt médian, o m. o 7 o sans l'ongle et o m. o 8 5 avec l'ongle. Le bec présente sur la mandibule supérieure six sillons, sans compter les deux sillons basilaires, et sur la mandibule inférieure neuf sillons, ce qui indique un adulte en plumage de noces; il est d'un noir uniforme, de même que les tarses, les doigts et les membranes interdigitales.

Les parties supérieures du corps offrent une teinte très foncée, un brun fuligineux qui passe au noir à peine glacé de verdâtre sur le milieu du ventre, la nuque et le dos, et qui est recoupé, de chaque côté de la tête, entre l'œil et le bec, par une tache ovale blanche, nettement définie, mesurant o m. o 4 o de longueur sur o m. o 2 o de hauteur. Les ailes, très courtes, mais pointues, sont d'un brun sombre avec un liséré blanc très étroit sur l'extrémité des plumes secondaires. La queue est d'un brun noirâtre et toutes les parties inférieures du corps sont au contraire d'un blanc pur, depuis un point situé à o m. 1 o environ de la base du bec, sur la partie inférieure du cou, jusqu'à la région caudale exclusivement.

Chez le jeune, dont le Musée de Newcastle possède un spécimen [1], le seul que l'on connaisse de cet âge, les parties supérieures du corps sont d'un brun moins foncé, les taches des côtés de la tête d'un blanc moins pur, et, sur le devant du cou, où la teinte brune descend moins bas, on distingue, ainsi que sur la poitrine, quelques mouchetures brunâtres.

Enfin chez le poussin, dont on ne connaît actuellement aucun représentant, le duvet serait, d'après Fabricius [2], d'une teinte grisâtre.

Les Galeries d'Anatomie comparée du Muséum d'histoire naturelle renferment aussi un beau squelette d'*Alca impennis* qui malheureusement ne porte aucune indication d'origine, mais qui, dans tous les cas, comme l'a

---

[1] Ce spécimen a été figuré par M. Dresser, *op. cit.*, pl. 6 2 o, figure de droite. —
[2] *Fauna Groenlandica*, 1 7 8 o, p. 8 2; H. E. Dresser, *op. cit.*, p. 5 6 3.

fait observer M. Alfred Newton [1], a dû être tiré d'un individu fraîchement
tué, venant peut-être de Terre-Neuve. Ce squelette ne présente pas de
particularités qui méritent d'être signalées après la description ostéologique détaillée faite par feu le professeur R. Owen dans les *Transactions*
de la Société zoologique de Londres et les remarques publiées par M. Frédéric A. Lucas [2].

Enfin la collection du Muséum, dans laquelle il existait depuis longtemps un œuf de Grand Pingouin, provenant, dit-on, de l'ancienne collection de l'abbé Manesse, s'est enrichie en 1873 de deux autres œufs,
acquis du Lycée de Versailles et venant de Saint-Pierre (Terre-Neuve),
ainsi que le constate une inscription manuscrite sur la coquille.

De ces trois œufs, l'un, le plus ancien, est fortement aminci à l'une
des extrémités et mesure o m. 125 de long sur o m. 070 de diamètre
transversal maximum; il est d'une teinte crème pâle et offre, dans sa
partie renflée, quelques larges taches brunes, variées plus ou moins de
rougeâtre et irrégulièrement découpées sur les bords, et quelques taches
plus petites, tandis que la partie fortement amincie est presque dépourvue
de maculatures.

Un des œufs acquis en 1873 mesure o m. 125 sur o m. 075; il est
d'un blanc légèrement jaunâtre, à coquille un peu plus rugueuse que le
précédent et marqué, au milieu et vers la pointe, de raies ondulées ou
brisées et de petites taches brunâtres, et au gros bout, vers l'extrémité,
d'une couronne de raies irrégulières couleur d'encre, mélangées de quelques raies brunes.

Enfin le troisième œuf, de forme très allongée et mesurant o m. 140
sur o m. 070, offre un aspect crayeux et ne porte que quelques grandes
taches allongées, d'un noir plus ou moins franc, et quelques raies ferrugi-
neuses au gros bout, à quelque distance de l'extrémité.

Aucun de ces œufs n'offre exactement l'aspect, le dessin et le mode de

<hr>

[1] *Transactions of the Zoological Society of London*, 1865, t. V, p. 317 à 335 et pl. 41 et 411.

[2] *Op. cit., Ann. Rep. Smiths. Instit.*, 1890, p. 515. Voir aussi Shufeldt, *Contrib. to the comp. Osteology and Anatomy of water Birds (Journ. anat. et phys.*, 1888, t. XXIII, p. 1).

coloration de l'un ou l'autre des quatre œufs qui appartiennent à M. le baron d'Hamonville et dont ce dernier a publié des figures coloriées dans les *Mémoires de la Société zoologique de France* en 1888[1], aussi bien que des deux œufs de la collection de M. O. des Murs, représentés dans la *Revue et Magasin de zoologie* en 1863[2]. On sait d'ailleurs que les œufs des Petits Pingouins (*Alca torda* L.) présentent également de très grandes variations sous le rapport de la forme et du dessin de la coquille.

D'après M. le professeur Vilhelm Blasius[3], il existait en 1884, dans les grands Musées et dans quelques collections particulières, en Europe, en Amérique et à la Nouvelle-Zélande, 77 spécimens montés[4], 9 squelettes[5] et 68 œufs[6] d'*Alca impennis*; mais, pour les squelettes, le nombre s'est sensiblement accru, dans ces dernières années, à la suite de l'expédition du *Grampus* à l'île Funk, qui était jadis l'un des endroits de nidification du Grand Pingouin, dans les parages de Terre-Neuve. L'expédition a rapporté environ 2 mètres cubes de terre entièrement pétrie d'ossements d'*Alca impennis*, et, avec ces ossements, on a pu reconstituer 7 squelettes entiers dont un a pris place dans la collection publique du Muséum national des États-Unis à Washington, un autre a été remis au Musée de zoologie comparée à Cambridge (Massachusetts), un autre au Musée d'histoire naturelle de New-York, un autre a été cédé à un marchand et a été acquis par le Musée d'Édimbourg, un autre a été donné en échange au

---

[1] Pl. V et VI. Voir aussi, au sujet de ces mêmes œufs, L. d'Hamonville, *Bull. de la Soc. zoologique de France*, 1891, t. XVI, n° 1, p. 34.

[2] P. 3.

[3] *Zur Geschichte der Ueberreste von Alca impennis*. Antérieurement M. W. Preyer (*Journ. f. Ornith.*, 1862, p. 77) et M. le docteur V. Fatio (*Bull. de la Soc. ornith. suisse*, 1868, t. II, part. 1, p. 80, et part. 2, p. 147) avaient déjà publié des listes des restes d'*Alca impennis* existant dans les Musées d'Europe.

[4] Savoir : 7 en France, 20 en Allemagne, 22 en Grande-Bretagne et en Irlande, 2 en Belgique, 2 en Hollande, 3 en Danemark, 2 en Suède, 1 en Norvège, 3 en Suisse, 5 en Italie, 4 en Autriche, 1 en Russie, 1 en Portugal et 4 aux États-Unis.

[5] Savoir : 1 au Muséum d'histoire naturelle de Paris, 4 en Grande-Bretagne, 1 en Allemagne, 2 en Italie, 1 aux États-Unis. Dans ce nombre n'étaient pas compris des fragments de squelettes ou des os séparés.

[6] Savoir : 11 en France, 45 en Grande-Bretagne, 4 en Allemagne, 2 en Hollande, 1 en Danemark, 1 en Suisse, 1 en Portugal, 2 aux États-Unis et 1 à la Nouvelle-Zélande.

Musée de Sydney (Australie), et les deux derniers ont été conservés en réserve au Musée national des États-Unis [1].

On croyait naguère encore que le Grand Pingouin avait occupé, dans le nord de l'ancien et du nouveau monde, une aire géographique très étendue, mais les recherches récentes ont démontré que si quelques individus de cette espèce s'égaraient jadis de temps en temps sur les côtes d'Irlande [2], d'Écosse, d'Angleterre, de Norvège, de Suède, et, ce qui est beaucoup plus douteux, sur les côtes de France, les véritables domaines de l'*Alca impennis* (et par *domaines* nous entendons ses lieux de reproduction) ne comprenaient guère en Europe que les îles Färoër, l'îlot d'Eldey et quelques îlots voisins, Saint-Kilda [3] et peut-être les Orkneys, et, dans le nouveau monde, la baie du Saint-Laurent, Terre-Neuve et ses dépendances (spécialement l'île Funk), et peut-être les côtes du Labrador et du Groënland méridional [4]. Cette distribution géographique extrêmement restreinte a singulièrement facilité la destruction de l'espèce que l'on peut considérer aujourd'hui comme entièrement anéantie [5].

Aux îles Orkneys, le dernier spécimen d'*Alca impennis* fut obtenu en 1812 [6]. A Saint-Kilda, on captura encore un Grand Pingouin vivant, en 1821 ou 1822 et, en 1834, un autre individu, également vivant, fut pris dans le havre de Waterford sur la côte méridionale d'Irlande [7]. C'est entre ces deux dernières dates qu'aurait été capturé, sur la côte d'Écosse, ou peut-être plutôt sur quelque île voisine, en 1832, le spécimen qui figure dans les galeries du Muséum d'histoire naturelle. Ce spécimen ne saurait donc être, comme M. W. Blasius était tenté de le supposer [8], l'an-

---

[1] Voir Lucas, *op. cit.*, et *Ibis*, 1891, p. 281.

[2] Alf. Newton, *Abstract of M. J. Wolley's Researches in Ireland, respecting the Gare-fowl or Great Auk* (*Ibis*, 1861, p. 374, et *Zoologist*, 1882, t. XX, p. 8108).

[3] Martin, *Voyage to Saint-Kilda*, 1698; Dixon, *Ornith. of Saint-Kilda* (*Ibis*, 1885, p. 90).

[4] Voir Blasius, *op. cit.*, et Lucas, *op. cit.*

[5] Voir A. Newton, *The Gare-fowl and its Historians* (*Nat. Hist. Rev.*, oct. 1865, p. 467 à 488).

[6] C'est le spécimen qui, après avoir appartenu à M. Bullock, figure aujourd'hui dans la collection du Musée britannique.

[7] H. E. Dresser, *A History of the Birds of Europe*, p. 565. Voir aussi W. Blasius, *Ueber die letzten Vorkommnisse der Riesen-Alks*, op. cit., p. 91.

[8] *Zur Geschichte der Ueberreste von Alca impennis*, p. 104.

cien exemplaire de la collection Réaumur, dont Brisson a donné la description [1] et qui, ayant passé dans le Cabinet du Roi, se trouverait aujourd'hui encore dans la collection du Jardin des Plantes.

Au Groënland, on n'a plus revu de Grands Pingouins depuis 1815, et sur les côtes de Terre-Neuve l'espèce avait entièrement déjà disparu avant 1842 [2].

A l'île Funk, où ils formaient jadis des colonies tellement nombreuses que la terre est littéralement pétrie de leurs ossements, leur extermination remonterait probablement à une date encore plus reculée, et l'on admet généralement que ce sont les marins de Jacques Cartier qui, les premiers, ont porté la mort et la désolation dans les *Rooknies* de ces pauvres Pingouins qu'on appelait alors des *Margaulæ* [3].

L'ÉMEU OU ÉMOU NOIR.

(DROMAIUS ATER Vieillot.)

Planche V.

A la fin de décembre 1802, les corvettes *le Géographe* et *le Naturaliste*, sous le commandement de l'amiral Baudin, arrivèrent à l'île des Kangourous, située au sud de l'Australie, par 135° 38′ long. E. et 33° 43′ lat. N., et y séjournèrent jusqu'au 1er février 1803. Durant ces deux mois, les naturalistes attachés à l'expédition, Péron, Maugé, Lesueur et Levillain, explorèrent l'île que Flinders avait découverte et que Baudin appela île Decrès : ils n'y découvrirent aucune trace du séjour de l'homme, mais ils y

[1] *Ornith.*, t. VI, p. 85 et pl. 7.

[2] Richard Bonnycastle (*Newfoundland in 1842*, t. I, p. 232) constate que le Grand Pingouin, qui, moins de cinquante ans auparavant, se trouvait en abondance sur les côtes de Terre-Neuve, en avait totalement disparu.

[3] Jacques Cartier, de Saint-Malo, aborda à l'île Funk en 1534. L'histoire de ses voyages a été publiée à Paris, en 1598, sous le titre de : «Discours du voyage faict par le capitaine Jacques Cartier aux terres neufves du Canada.» Voir aussi Hakluyt, *Coll. of Voyages*, t. III, p. 201 à 212 et 212 à 232 : *The first relation of Jacques Cartier of S. Malo, of the new land called New France, newly discovered, in the year of our Lord 1534*, et *A Short and briefe narration of the navigations made by the commandement of the King of France to the islands of Canada*, etc.; Lucas, *op. cit.*, p. 498, 324 et 325.

rencontrèrent de nombreux Kangourous et quelques oiseaux dont ils rapportèrent des spécimens ou sur lesquels ils firent d'intéressantes observations. «De tous les oiseaux que cette île reçut en partage, dit Péron
dans la *Relation du Voyage*[1], les plus utiles à l'homme sont les Casoars
(pl. 66): ces gros animaux paraissent exister sur l'île en troupes nombreuses; mais comme ils sont très agiles à la course et que nous mîmes
peu de soin à les chasser, nous ne pûmes nous en procurer que trois individus vivants. »

Comme ces trois Casoars ou plutôt ces Émeus ou Émous[2] vivants se trouvent précisément mentionnés sur le Catalogue manuscrit de l'expédition
Baudin (*oiseaux de la Nouvelle-Hollande recueillis par Messieurs Maugé, Lesueur, Le vilain [sic] et Péron*), Catalogue qui est conservé dans les archives du
Laboratoire de Zoologie (Mammifères et Oiseaux), nous sommes certains
que ces oiseaux arrivèrent sains et saufs en France où, d'après le même document, ils furent ainsi répartis : un à la Ménagerie du Muséum et deux au
château de la Malmaison. Ces derniers individus revinrent probablement
plus tard au Muséum, soit du vivant de l'Impératrice Joséphine, soit après
sa mort, car Vieillot parle de plusieurs Émeus de petite taille, vivant de
son temps à la Ménagerie du Jardin des Plantes. Il existe d'ailleurs encore
dans les collections du Muséum : 1° un squelette conservé dans les Galeries
d'Anatomie comparée et portant ces indications, erronées quant à la localité d'origine : «A. 3824. Casoar de la Nouvelle-Hollande, mort à la Ménagerie en mai 1822, de l'île King, par Péron et Lesueur, expédition du
capitaine Baudin»; 2° un exemplaire empaillé dans les Galeries de Zoologie, portant cette étiquette très ancienne et en partie inexacte : «*Dro*-

[1] *Voyage de découvertes aux Terres australes sur les corvettes le Géographe, le Naturaliste et la goélette la Casuarina, pendant les années 1800-1804*, 2ᵉ édition, revue par M. Louis de Freycinet, 1824, t. III, p. 135.

[2] Les Émeus ont été souvent confondus avec les Casoars qu'ils représentent sur la plus grande partie de l'Australie et particulièrement avec le Casoar à casque ou Casoar émeu (*Casuarius galeatus*) et avec le Casoar austral (*Casuarius australis*). C'est par suite de cette confusion que les *Dromaius* ont été désignés par les colons anglais sous le nom d'Émeus (*Emus*). Ce nom à son tour a été choisi par Vieillot et Lesson comme terme générique, sous la forme *Émou*, peut-être un peu plus conforme à la prononciation anglaise, mais moins correct au point de vue de notre langue que la forme *Émeu* que nous adoptons ici.

maius ater V., Port-Jackson, Australie, expédition du capitaine Baudin », et ayant, sous le plateau, cette inscription : « Casoar de la Nouvelle-Hollande, *Casuarius australis* Lath., rapporté vivant de Port-Jackson par l'expédition du capitaine Baudin, mort en avril 1822. Le squelette est à l'anatomie. » Or, comme la dépouille montée renferme certainement une portion du squelette et que, d'autre part, le squelette des Galeries d'Anatomie est complet, on est forcé de conclure que deux individus ont été préparés au Muséum, où ils étaient morts peut-être à la même époque.

Quoi qu'il en soit, l'exemplaire exposé dans les Galeries de Zoologie et le squelette conservé dans les Galeries d'Anatomie viennent certainement de l'île Decrès ou île des Kangourous, d'où ils ont été rapportés par Péron, Maugé, Levillain et Lesueur, et ils ne sont originaires ni de Port-Jackson, ni de l'île King.

Le spécimen monté représente un oiseau adulte, qui a dû vivre assez longtemps en captivité, comme en témoignent ses ongles passablement usés, et qui a même aux articulations des déformations pathologiques. Il est de taille beaucoup plus faible que les Émeus ordinaires, dont le Muséum possède plusieurs exemplaires, et il s'en distingue aisément par son aspect général et par la coloration de son plumage. Chez cet individu, en effet, la longueur totale n'est que de 1 m. 40, tandis qu'elle atteint près de 2 mètres chez un Émeu ordinaire parvenu à son développement complet; le torse a 0 m. 210 de large au lieu de 0 m. 034; le doigt médian (sans l'ongle), 0 m. 080 au lieu de 0 m. 105; le doigt externe, 0 m. 045 au lieu de 0 m. 055; le doigt interne, 0 m. 035 au lieu de 0 m. 050; le bec, du front à l'extrémité, 0 m. 060 au lieu de 0 m. 062 sur 0 m. 035 au lieu de 0 m. 048 de largeur à la base.

La tête est couverte en dessus d'un toupet de plumes recroquevillées, dont l'extrémité revient en avant, et qui se continuent en arrière sur l'occiput et sur la nuque par une bande de plumes analogues, mais un peu plus allongées. Ces plumes diffèrent par leur nature laineuse et leur couleur noire des plumes piliformes, brunâtres, et des plumes frisées assez courtes qui revêtent le ventre et la nuque de l'Émeu d'Australie. Les joues ne sont pas entièrement dénudées et de la base du bec partent des sortes de moustaches qui se dirigent en arrière et rejoignent des plumes piliformes couvrant les oreilles, tandis que, chez l'Émeu d'Australie, une bande nue s'étend à travers les lores et les joues, jusque sur les tempes, où elle tend à se confondre avec une autre zone dénudée contournant l'oreille et s'étendant sur les côtés et le devant du cou. Au contraire, chez l'Émeu rapporté par l'expédition Baudin, le devant du cou est presque entièrement revêtu de plumes piliformes, noirâtres, et les zones nues sont plus étroites et rejetées vers les côtés de la nuque. Toute la partie inférieure du cou est garnie d'une sorte de camail, très fourni, de plumes noirâtres et d'aspect laineux, fort dissemblables de celles qui couvrent la même région chez l'Émeu d'Australie. Les plumes du corps, au lieu d'être, comme chez ce dernier, d'un gris fauve et marquées de noir à l'extrémité et le long de la tige, sont pour la plupart, chez l'Émeu de l'île Decrès, d'un brun fauve à la base et d'un brun très foncé depuis le milieu jusqu'à l'extrémité; enfin les plumes des cuisses, au lieu d'une teinte gris jaunâtre piquetée de brun, offrent un mélange de brun fauve et de brun noirâtre. Le bec et les pattes sont d'un brun très foncé et les parties nues paraissent avoir été bleues comme chez l'Émeu ordinaire.

Si nous passons au squelette, nous constatons également des différences assez frappantes entre l'Émeu ordinaire et l'Émeu de l'île Decrès. Ainsi, chez ce dernier, la tête osseuse offre, dans la région occipitale, des crêtes un peu plus nettes; le sternum est régulièrement bombé et fortement excavé en dedans; la portion précotyloïdienne du bassin est à la fois plus courte et plus haute, et sa crête supérieure est plus régulièrement arquée; l'écusson pelvien est beaucoup plus allongé, les fosses iliaques externes sont plus excavées, la tête du fémur est plus détachée, la gorge rotulienne plus étroite et limitée par des condyles plus saillants; la crête tibiale antérieure est plus resserrée, la crête rotulienne plus fortement rejetée en arrière, le corps du tibia absolument droit, au lieu d'être légèrement arqué, et la gouttière métatarsienne est plus profonde. En général, la charpente osseuse, avec des dimensions plus réduites, dénote un oiseau exceptionnellement vigoureux. Voici, du reste, les dimensions principales des diverses parties du squelette relevées dans les deux espèces :

		DROMAIUS Novæ Hollandiæ.	DROMAIUS ATER de l'île Decrès.
Longueur	de la colonne vertébrale.	1^m 400	1^m 190
	de la tête osseuse.	o 183	o 170
	du crâne, de la suture frontale à l'occiput	o 090	o 080
Largeur	maximum du crâne.	o 068	o 066
	de l'espace interorbitaire ou frontal.	o 026	o 029
Longueur	de la mandibule supérieure, en suivant la courbure du bec.	o 135	o 123
	de la mandibule inférieure	o 147	o 134
	du sternum, prise sur la ligne médiane.	o 170	o 138
Largeur	du sternum en avant	o 140	o 120
	du sternum en arrière	o 110	o 086
Longueur	de l'omoplate.	o 140	o 110
	de l'humérus.	o 090	o 075
	du cubitus.	o 065	o 055
	de la main.	o 050	o 038
	du bassin, prise sur la ligne médiane	o 420	o 340
Largeur	du bassin en avant.	o 080	o 075
	du bassin en arrière des cavités cotyloïdes.	o 105	o 092
Longueur	du fémur.	o 210	o 180
	du tibia.	o 373	o 342
	du métatarsien.	o 340	o 290
	du doigt externe.	o 095	o 080
	du doigt médian.	o 140	o 110
	du doigt interne.	o 085	o 070

Les Émeus de l'île Decrès diffèrent donc notablement de ceux du continent australien. Vieillot a cependant confondu [1] tous ces oiseaux sous la rubrique de *Dromaius Novæ Hollandiæ* Latham [2], comme l'avait fait Péron,

[1] *Galerie des Oiseaux*, 1825, t. II, p. 79, et *Nouv. Dict. d'hist. nat.*, 2° édit., t. X, p. 212. — [2] *Index ornithologicus*, edit. nov., Paris, 1810, p. 291.

et comme G. Cuvier[1] et Lesson[2] devaient le faire par la suite. Cependant, tout en songeant aussi aux Émeus ou Émous ordinaires, puisqu'il dit que ces oiseaux sont plus grands que le Casoar à casque, Vieillot paraît avoir surtout pris comme sujet d'étude le Casoar de l'île Decrès, qui se trouvait alors déjà dans les galeries du Muséum. C'est certainement cet individu qu'il a représenté sur la planche, assez médiocre, de la *Galerie des Oiseaux* [3], et c'est parce qu'il avait été frappé de la coloration très foncée de cet exemplaire qu'il avait donné à l'espèce le nouveau nom d'*Émou noir* (*Dromaius ater*). Probablement il avait considéré le petit Casoar de l'île Decrès comme un jeune de l'espèce ordinaire; c'est du moins ce qui semble ressortir du passage suivant : «Il paraît que l'Émou est longtemps à parvenir à sa croissance, car les individus qu'on conservait vivants à la Ménagerie du Muséum, où ils ont vécu plusieurs années, étaient loin d'avoir la hauteur que nous avons indiquée ci-dessus.» Mais c'était là une erreur, et comme il est facile de le reconnaître par l'examen du squelette et de l'exemplaire empaillé, les Émeus de l'île Decrès conservés au Muséum sont des individus parfaitement adultes et représentent, par conséquent, une espèce distincte du *Dromaius Novæ Hollandiæ* et de l'espèce ou de la variété *D. irroratus*. Cette espèce, qui paraît être aujourd'hui complètement éteinte, puisqu'on n'en a retrouvé aucun représentant, ni à l'île Decrès ou île des Kangourous, ni sur d'autres îles voisines des côtes d'Australie, peut être convenablement désignée sous le nom d'*Émeu noir* ou *Dromaius ater*.

En terminant cette notice, nous dirons que dans les dessins inédits de Lesueur appartenant à la bibliothèque du Muséum, nous avons trouvé trois croquis à la mine de plomb qui paraissent représenter le *Dromaius ater* dans diverses attitudes.

[1] *Règne animal*, 1re édition, 1817, p. 462.

[2] *Traité d'Ornithologie*, 1831, p. 8. (La planche 2, fig. 2 de l'Atlas, représente un Émeu ordinaire.)

[3] *Galerie des Oiseaux*, t. II, pl. 226.

EXPLICATION DES PLANCHES.

PLANCHE I. Perroquet mascarin (*Mascarinus Duboisi*), 2/3 de la grandeur naturelle.

PLANCHE II. Huppe du Cap (*Fregilupus varius*), 4,5 de la grandeur naturelle.

PLANCHE III. Colombe hérissée (*Alectrœnas nitidissima*), 2/3 de la grandeur naturelle.

PLANCHE IV. Canard de Labrador (*Camptolæmus labradorius*), 2/3 de la grandeur naturelle.

PLANCHE V. Émeu ou Casoar noir (*Dromaius ater*), 1/6 de la grandeur naturelle.

Imprimerie Nationale.

Perroquet mascarin.

Huppe du Cap.

Imprimerie Nationale.

Colombe hérissée

Canard du Labrador

$\frac{1}{6}$

Imprimerie Nationale.

Casoar noir.